中等职业院校珠宝类系列教材
深圳市博伦职业技术学校系列教材

常见有色宝石鉴赏

CHANGJIAN YOUSE BAOSHI JIANSHANG

主　编　蔡善武
副主编　汪　元　瞿叶丽

中国地质大学出版社
ZHONGGUO DIZHI DAXUE CHUBANSHE

深圳市博伦职业技术学校系列教材
编委会名单

主　　任：任　敏
副 主 任：余若海　曾庆庆　张华林　蔡善武　边昭彬
编委会成员：张国顺　陈亚萍　马亚丽　周杏芳　廖　亮
　　　　　　陈秋高　徐宗意　赵　卫　路黎明　王友兵
　　　　　　雷　忠　杨艳霞　李国辉　余咏青　肖永合
　　　　　　黄大岳　冯益鸣　钟蔼玲　易　峰　黄韵华
　　　　　　李伟挺　郑乐娜　廖敏军　刘明德　陈延庆
　　　　　　王　英　周杏芳　刘　琛　何　丹　杨　磊
　　　　　　崔珊珊　赵　帏　廖武彪　磨鸿燕　陈　恒

前　　言

珠宝玉石是对天然珠宝玉石（包括天然宝石、天然玉石和天然有机宝石）和人工宝石（包括合成宝石、人造宝石、拼合宝石和再造宝石）的统称。宝石是指自然界产出的，具有美观、耐久、稀少的特点，可以琢磨、雕刻成首饰或工艺品的矿物单晶体。玉石是指自然界产出的，具有美观、耐久、稀少和工艺价值等特点的矿物集合体。

珠宝玉石饰品是具有特殊意义的商品。它们既是物质产品，又是精神产品；既是美化、点缀人们日常生活的装饰品，又是文化、艺术的载体。宝石鉴定属于科学和技术范畴，宝石欣赏属于文化和艺术范畴。自古以来，人们对宝石寄予了太多的情感。红宝石是爱情、热情和高尚品德的象征，祖母绿的绿色代表了青春、和平、自然和生命。珠宝玉石是人们美化生活、陶冶个人情操的饰品，是大自然献给人类最美好的礼物，寄托了人类对于美好生活的向往和憧憬。

宝玉石饰品的鉴赏包括首饰、雕件和摆件的鉴赏，主要有三个方面的内涵：

(1) 运用科技手段鉴定、识别及区分宝玉石饰品材料；

(2) 运用美学、历史、人文地理、文学艺术、宗教哲学、工艺学等知识去综合理解宝玉石饰品所传递的思想、情感、意境和哲理，理解历代艺术工匠、艺术大师的创作构思，了解宝玉石饰品制作年代的文化艺术水平；

(3) 综合总结，即在对宝玉石饰品做出鉴定识别和赏析后，对宝玉石饰品（尤其是玉雕饰品）的质量品级、艺术档次及价值做出一个较为合理的评估和评价。

有色宝石，英文名为 Colored Gemstone 或者是 Colored Stone，是宝石大家族中除钻石外所有的有颜色宝石的总称。在有色宝石家族中，红宝石、蓝宝石、祖母绿、猫眼与钻石并列为世界五大贵重宝石，受到了众多高端群体和收藏爱好者的追捧。此外，有色宝石还包括碧玺、海蓝宝石、紫晶、黄晶、托帕石、尖晶石、变石、橄榄石、石榴子石、透辉石和坦桑石等。其特点是：①种类丰富、颜色多样；②价格差别大；③文化内涵丰富；④款式时尚、设计个性化。

有色宝石因种类繁多、价格差异大，为来自不同阶层和有着相同喜好的人们带来了极具个性化的选择，日益受到人们的青睐。

本书将重点介绍目前市场上常见的几种有色宝石品种，分别从名贵有色宝石鉴赏、常见中低档有色宝石鉴赏、常见有色宝石评估及保养三个方面进行阐述。

蔡善武
2018 年 9 月

目　　录

第一章　名贵有色宝石鉴赏 ………………………………………………… 1

　　第一节　红宝石 …………………………………………………………… 1

　　第二节　蓝宝石 …………………………………………………………… 6

　　第三节　祖母绿 …………………………………………………………… 12

　　第四节　金绿宝石 ………………………………………………………… 17

第二章　常见中低档有色宝石鉴赏 ………………………………………… 21

　　第一节　碧玺 ……………………………………………………………… 21

　　第二节　海蓝宝石 ………………………………………………………… 25

　　第三节　橄榄石 …………………………………………………………… 28

　　第四节　托帕石 …………………………………………………………… 31

　　第五节　尖晶石 …………………………………………………………… 34

　　第六节　石榴子石 ………………………………………………………… 37

　　第七节　水晶 ……………………………………………………………… 45

第三章　常见有色宝石评估及保养 ………………………………………… 49

　　第一节　常见有色宝石的品质评价 ……………………………………… 49

　　第二节　有色宝石首饰的佩戴与保养 …………………………………… 52

主要参考文献 ………………………………………………………………… 54

第一章 名贵有色宝石鉴赏

第一节 红宝石

钻石之外最贵重的无机宝石是颜色丰富、晶莹剔透的红宝石和蓝宝石。红宝石和蓝宝石都是人们十分珍爱的高档宝石,红宝石鲜红似火,蓝宝石清澈透蓝,与钻石、祖母绿和猫眼同被列为世界五大名贵宝石。无论西方和东方,自古对红宝石和蓝宝石均十分珍爱,并认为它们拥有十分神奇的力量。

红宝石是七月生辰石,是爱情、热情和高尚品德的象征。佩戴红宝石首饰给人朝气蓬勃、奋发向上的感觉,寓意健康长寿、爱情美满、家庭和谐。佩戴红宝石戒指寓意逢凶化吉、变敌为友。因为红宝石象征热烈的爱情,人们将它作为结婚40周年的纪念石。

红宝石和蓝宝石都是以矿物刚玉为原料的宝石。由于形成条件不同,刚玉中可含有不同的微量元素,因而呈现出不同的颜色,其中呈红色者为红宝石,呈其他颜色者统称为蓝宝石。

红宝石是达到宝石级的红色刚玉,化学组成是Al_2O_3,因含铬而致红色。

一、红宝石的基本特征

英文名称:Ruby。
矿物名称:刚玉。
化学成分:Al_2O_3,可含有Cr、Fe、Ti、Mn、V等元素。
结晶状态:晶质体。
晶　　系:三方晶系。
晶体习性:六方柱状、桶状,少数呈板状或叶片状。
常见颜色:红色、橙红色、紫红色、褐红色。
光　　泽:玻璃光泽至亚金刚光泽。
解　　理:无解理,双晶发育的宝石可显三组裂理。
摩氏硬度:9。
密　　度:4.00($\pm$0.05)g/cm^3。
光性特征:非均质体,一轴晶,负光性。
多　色　性:强,呈紫红色、橙红色。
折　射　率:1.762~1.770(+0.009,-0.005)。
双折射率:0.008~0.010。
紫外荧光:长波弱至强,呈红色、橙红色;短波无至中,呈红色、粉红色、橙红色,少数强,呈红色。
吸收光谱:694nm、692nm、668nm、659nm吸收线,620~540nm吸收带,476nm、475nm强吸收线,468nm弱吸收线,紫光区吸收。

放大检查:丝状物,见针状包裹体、气液包裹体、指纹状包裹体、雾状包裹体、负晶、晶体包裹体、生长纹、生长色带、双晶纹。

特殊光学效应:星光效应、猫眼效应(稀少)。

主要产地:缅甸、斯里兰卡、巴基斯坦、泰国、柬埔寨、越南和中国等东亚、南亚国家以及澳大利亚。我国的红宝石主要产于云南、安徽、青海、海南、新疆、黑龙江、江苏等地。

二、肉眼识别特征

红宝石的产地不同,其特有的包裹体也不同。市面上的红宝石主要有天然红宝石、优化处理的红宝石、合成红宝石,以及与红宝石相似的红色天然宝石及仿制品。由于合成红宝石、优化处理的红宝石的物理化学特征与天然的红宝石类似,所以用仪器测试显示的物理常数基本相同。肉眼识别特征主要表现在三个方面:①颜色在宝石中的展布;②宝石内部的包裹体特征;③宝石表面可能见到的裂理和感生面。

(一)红宝石

1. 缅甸红宝石

缅甸是世界上优质红宝石的主要产地,矿区位于抹谷地区。红宝石产于大理岩中。

缅甸红宝石有两个品种:一种是透明的可琢磨成刻面型的红宝石,另一种是半透明可以琢磨成弧面型的星光红宝石。

1)透明红宝石

透明红宝石呈红色、玫瑰红色,鲜艳、柔和且明亮。识别特征主要有两点:颜色和包裹体。

透明红宝石虽然颜色浓艳、柔和、明亮,但不均匀。颜色多呈红色("鸽血红")、微带紫的粉红色,如果将红宝石放在装有清水的白色瓷皿中,可以见到不均匀的红色斑块,呈糖溶于水时深浅交融的旋涡状。这种红宝石具荧光性,在强光照射下,颜色会变得更加明亮鲜艳。如在暗处用聚光手电筒照射,红宝石会像烧红的铁块一样通体红亮,亭部的小刻面的交棱模糊不清。

透明红宝石的包裹体较多,包括丝绢状金红色包裹体、指纹状包裹体、煎蛋状固态包裹体,此外还有愈合裂隙面。乳白色的丝绢状金红石包裹体,是缅甸红宝石的鉴别依据。

2)星光红宝石

星光红宝石呈六射星光,是金红石在红宝石中以包裹体方式定向排列的结果。半透明至微透明。多呈暗红色或带紫的暗粉红色。宝石中可以清楚地见到三组以60°、120°角相交,平直排列的丝绢状包裹体或深浅不同的色带以及双晶纹。六射星光的中心,有一个向外扩散的亮点,每条星线由中心向边部延伸逐渐变细。星光红宝石的底面多不抛光,平直或带棱角的色带、双晶纹和反光的小阶梯状裂理面更加清晰。

产在大理岩中的红宝石,包括缅甸抹谷、斯里兰卡南部、巴基斯坦的罕萨、中国的云南、阿富汗的哲格达列克以及越南北部等。其中斯里兰卡产的红宝石颜色淡、透明度好、金红石柱体细长,且含有氟碳钙铈矿、磷灰石及煎蛋状锆石包裹体。阿富汗、巴基斯坦产的红宝石颜色红艳,缺陷较少,但粒度较小。中国产的红宝石色红粒大,但透明度差。越南产的红宝石颜色多呈粉红色,粒大,三组裂理发育,透明度一般较差。

2. 泰国红宝石

泰国红宝石产在玄武岩中,颜色偏暗,多呈暗红色。红宝石透明,较洁净。识别的依据主要有以下三点:①颜色较均匀但不明亮;②红色中伴有褐色或紫色色调;③可见交角60°、120°的色带,偶见包裹体有煎蛋状固态包裹体、指纹状气液包裹体和双晶纹。

3. 印度红宝石

印度红宝石多呈玫瑰红色。粒度较大,透明度差,多呈半透明至微透明,以60°、120°角相交的双晶纹发育,可以清楚地看到四组阶梯状反光的裂理面,多被用来制作弧面型宝石和雕件。

(二)优化处理红宝石

1. 热扩散处理红宝石

热扩散处理红宝石多来自泰国。热扩散处理是指把琢磨成型的无色蓝宝石,放进装有铬元素的焙料中,在高温的环境中,使铬元素扩散至无色宝石的表层,使它呈现红色。

热扩散红宝石多呈橙红色、暗紫红色、暗红色,颜色偏暗,不太均匀。在日光照射下用20倍放大镜观察,可以见到诸多小网格状斑纹。如果放进水中,在宝石表面用肉眼即可以看到天然红宝石所没有的节瘤状小红点。由于宝石琢型的棱角处附着的红色物质较多,因此放进水中可以清楚地见到腰围和棱角处深色的轮廓。

2. 玻璃充填红宝石

将用红色玻璃充填的红宝石放在装水的瓷盘中,再用10倍放大镜仔细观察,会发现在玻璃充填的地方,颜色和光泽有差异。在充填的玻璃中可见气泡。

3. 染色注胶红宝石

染色注胶红宝石是指用红色的染料和胶充填在印度产的一种四组双晶纹(裂理)宝石里,以掩饰其缺陷,琢磨成弧面型的宝石。这种染色处理的红宝石多呈现带紫的暗红色,微透明。在反射光下可以见到平行排列的白色条纹,在透射光下可以见到充填在双晶裂理中的纵横交错的红色网格。裂隙宽的地方聚集的颜色深,裂隙窄的地方颜色浅。颜色稳定性很差,时间久了会自行褪色,如果放在丙酮中浸泡,颜色就会溶于丙酮中。在泰国和中国市场上,这种红宝石常被称为"印度红宝石"。

(三)合成红宝石

本书主要介绍焰熔法合成红宝石。用焰熔法合成的红宝石有两种:一种是琢磨成刻面型的透明红宝石,另一种是琢磨成弧面型的星光红宝石。

1.合成透明红宝石

焰熔法合成的透明红宝石,呈红色、深玫瑰红色、粉红色。颜色艳丽均一,看上去有些呆板和刺眼。宝石内部洁净,缺陷极少。如果放进装水的瓷盘里,用20倍放大镜观察,偶尔可见到弧形生长线和圆形气泡。

2.合成星光红宝石

合成星光红宝石多呈带紫的粉红色,半透明,六射星光。它与天然星光红宝石的区别有三点:第一,六射星光效应比天然红宝石明显,即便是在室内光线较弱的情况下,也清晰可见;第二,六条星线交汇的中心,没有聚集的宝光亮点,每条星线由中心向边部延伸,粗细相等;第三,合成星光红宝石的底部多数经过抛光。如果观察宝石的底面,肉眼可以清楚地见到弧形生长线。这与天然星光红宝石那种以60°、120°角相交的平直生长线和具反光的小裂理面明显不同。

(四)红宝石与相似红色天然宝石及仿制品的区别

目前市场上和红宝石相似的红色天然宝石和仿制品有红色尖晶石、镁铝榴石、粉红色电气石(碧玺)和红色、粉红色玻璃等。现将它们的区别分述如下(表1-1)。

表1-1 红宝石及与它相似的红色宝石物理特性表

宝石名称	硬度	密度(g/cm³)	折射率	双折射率	多色性
红宝石	9	4.00	1.762~1.770	0.008	二色性强
合成红宝石	9	4.00	1.762~1.770	0.008	二色性强
锆石	7.5	4.73	1.925~1.984	0.059	中等
尖晶石	8	3.60	1.718	无	无
镁铝榴石	7.5	3.7~3.9	1.74~1.76	无	无
碧玺	7	3.06	1.624~1.644	0.018	强
绿柱石	7.5~8	2.72	1.577~1.583	0.006	中等
托帕石	8	3.52	1.619~1.627	0.008	中等
玻璃	5~6	2.30	1.470	无	无

1. 红色尖晶石

红色尖晶石的颜色均匀,无红色色团,无二色性。红宝石的荧光比红色尖晶石略强,在暗处用手电筒照射,刻面型红宝石会变得像烧红的铁块,通体红亮,从冠部向宝石内部观察,见不到亭部的棱或小刻面。而刻面型红色尖晶石虽然也会变得明亮,但从冠部向亭部观察,能见到与红色和黑色相邻的棱面。另外,红色尖晶石内部较洁净,除能见到少量八面体小尖晶石、磁铁矿包裹体和充填有褐色铁质的贝壳状愈合裂隙外,见不到红宝石中的那种乳白色丝绢状金红石包裹体或以60°、120°角相交的色带。

2. 镁铝榴石

镁铝榴石的红色均匀，内部洁净，肉眼很少见到包裹体。在强光下，颜色中的褐色成分增多，色级降低，没有在光线暗的地方看到的颜色漂亮。由于镁铝榴石没有荧光，在暗处用强手电光从冠部向内照射，亭部小面清晰可见，每个小面反射出的暗红色明亮，有些刺眼。相邻的两个小面颜色反差较大，一边是红色，另一边就可能是暗的红黑色。

3. 碧玺

粉红色、红色碧玺的颜色均匀，无荧光，在暗处用强手电筒照射，亭部小面上反红光者多，小面的形状不一。由于双折射率较大，故刻面型碧玺底棱双影明显。碧玺一般内部洁净，除美国产的粉红色碧玺内部有反光的片状愈合裂隙包裹体外，其他产地的粉红色碧玺的包裹体甚少。碧玺具有热电性，摩擦后能产生电荷，能吸附贴近的小纸屑。

4. 玻璃

红色玻璃的颜色均匀，内部洁净，可见圆形气泡和流动的旋涡状图案，呈玻璃光泽。手摸有温感，手掂较轻，无荧光。

（五）最佳检测仪器

用分光镜检测，可发现红宝石的光谱清晰。在红色区693nm附近有2～3条铬的吸收线，在蓝色区470nm处有1～3条铁的吸收线。最佳检测仪器还有折射仪、天平和放大镜（放大检查）。

第二节 蓝宝石

蓝宝石与红宝石同属宝石级刚玉,主要化学成分都是 Al_2O_3。其区别在于各自的生长过程中捕获的致色元素不同。含 Cr 者呈红色(红宝石),含 Fe、Ti 者呈不同色调的蓝色,含 Fe^{3+}、Mn 时可呈玫瑰色,含有 Fe^{2+}、Fe^{3+} 时呈黑色。此外,还可呈紫色、绿色、黄色或无色。蓝宝石是刚玉中除红色的红宝石之外,其他颜色刚玉宝石的通称。

象征意义:蓝宝石象征忠诚、坚贞、慈爱和诚实。星光蓝宝石又被称为"命运之石",能保佑佩戴者平安,并让人交好运。蓝宝石是九月的生辰石,它与红宝石有"姊妹宝石"之称。结婚45周年也叫"蓝宝石婚"。

一、蓝宝石的基本特征

英文名称:Sapphire。
矿物名称:刚玉。
化学成分:Al_2O_3,可含 Fe、Ti、Cr、V、Mn 等元素(含铁和钛致色)。
结晶状态:晶质体。
晶　　系:三方晶系。
晶体习性:六方柱状、桶状,少数呈板状或叶片状。
常见颜色:蓝色、蓝绿色、绿色、黄色、橙色、粉色、紫色、黑色、灰色、无色。
光　　泽:玻璃光泽至亚金刚光泽。
解　　理:无解理,双晶发育的宝石可显三组裂理。
摩氏硬度:9。
密　　度:$4.00(+0.10,-0.05)g/cm^3$。
光性特征:非均质体,一轴晶,负光性。
多　色　性:强。蓝色:蓝色、绿蓝色;绿色:绿色、黄绿色;黄色:黄色、橙黄色;橙色:橙色、橙红色;粉色:粉色、粉红色;紫色:紫色、紫红色。
折　射　率:$1.762\sim1.770(+0.009,-0.005)$。
双折射率:$0.008\sim0.010$。
紫外荧光:长波无至强,呈橙红色;短波无至弱,呈橙红色。
吸收光谱:蓝色、绿色、黄色有 450nm 吸收带或 450nm、460nm、470nm 吸收线。
放大检查:色带、指纹状包裹体、负晶、气液两相包裹体、针状包裹体、雾状包裹体、丝状包裹体、固体矿物包裹体、双晶纹。
特殊光学效应:变色效应、星光效应(可有六射星光,少见双星光)。
主要产地:世界上蓝宝石的产地比红宝石多,当今优质靛蓝色蓝宝石主要来自斯里兰卡和缅甸,颜色偏暗的蓝宝石主要来自澳大利亚、泰国、中国和柬埔寨等。在我国,蓝宝石主要产于山东、海南、福建、江苏四省,它们被称作中国四大蓝宝石产地。

二、肉眼识别特征

市场上的蓝宝石和仿蓝宝石的品种较多,除不同产地的蓝宝石外,还有热扩散蓝宝石、合成蓝宝石、蓝色玻璃以及与蓝宝石相似的天然蓝色宝石。

（一）蓝宝石

1. 印度克什米尔蓝宝石

克什米尔蓝宝石是一种含乳白色雾状包裹体、像天鹅绒状的微带紫的靛蓝色[通常称为矢车菊蓝（Cornflower Blue）]的优质蓝宝石。1879 年克什米尔发生了一次山泥倾泻，因而发现了位于帕达尔地区的蓝宝石矿源。后来因为矿区位于喜马拉雅山的西北端，海拔 5 000 多米，终年被雾笼罩，开采十分困难，故已停采多年。由于克什米尔蓝宝石的质量好，开采历史悠久，现已成为珠宝界对优质蓝宝石的代名词，不管产在什么地方的天鹅绒状靛蓝色蓝宝石，统称为克什米尔蓝宝石。

2. 缅甸蓝宝石

缅甸蓝宝石有透明蓝宝石和半透明星光蓝宝石两个品种。

1）透明蓝宝石

透明蓝宝石颜色浓艳，呈深蓝色、靛蓝色，不均匀。透明但不清澈，用弱光倾斜照射，肉眼可见乳白色光。用 10 倍放大镜观察，可见到含有平行排列的或以 60°、120°角相交的色带和平直的乳白色丝绢状金红石包裹体。可见到羽毛状气液包裹体和八面体尖晶石、八面体烧绿石的固态包裹体。蓝宝石表面光泽油亮，呈带油脂的强玻璃光泽。识别它的主要依据是具有平直或以 60°、120°角相交的色带和丝绢状金红石包裹体。

2）星光蓝宝石

星光蓝宝石呈六射星光，是金红石在蓝宝石中以包裹体方式定向排列的结果。星光蓝宝石多呈靛蓝色、灰蓝色、蓝灰色。在宝石中可以用肉眼看到三组以 60°、120°角相交的密集排列的丝绢状金红石包裹体和平直的色带。缅甸产的星光蓝宝石，透明度一般不如斯里兰卡产的星光蓝宝石好，多为半透明至微透明状。在星光中心有聚集的亮点，星线向边部延伸逐渐变细。由于星光蓝宝石的底面都不抛光，所以可见平直或带交角的色带和阶梯状小裂理面。星光蓝宝石的光泽油亮，用手掂有重感。识别的主要依据是肉眼可见平直或交角 60°、120°的色带和丝绢状金红石包裹体。

3. 斯里兰卡蓝宝石

斯里兰卡蓝宝石的识别特征与缅甸蓝宝石相似，它也有透明蓝宝石和星光蓝宝石两种，其识别特征如下。

1）蓝宝石

蓝宝石的颜色较多，有靛蓝色、蓝色、天蓝色、紫色或无色。但其颜色比缅甸产的蓝宝石浅，透明度好，色泽明亮。颜色不均匀，放在装水的白色瓷盘里，可以见到平直或以 60°、120°角相交的色带。用肉眼观察，宝石内部透明但不十分清晰，用 20 倍或 10 倍放大镜观察，可见乳白色稀疏平行排列的丝绢状金红石包裹体。有时还可见无色的指纹状气液包裹体，充填有褐色铁质的贝壳状愈合裂面、煎蛋状锆石、六方柱状磷灰石和云母片等矿物的包裹体等。平直和带交角的色带，以及带乳光的丝绢状金红石包裹体，是透明蓝宝石的主要识别特征。

2)星光蓝宝石

星光蓝宝石的颜色较多,有靛蓝色、蓝色、天蓝色、浅紫色、浅灰色等或无色。星线交汇处有一个向外扩散的亮点,星线比缅甸星光蓝宝石细且清晰。透明度好,多呈半透明状。在星光蓝宝石的弧面和底面上均可见到平行排列或以 60°、120°角相交的色带或乳白色丝绢状包裹体。在底面上还可见到小阶梯状裂理反光面。宝石表面光泽明亮,用手掂有重感。

4. 泰国蓝宝石

泰国蓝宝石呈黑的靛蓝色和深墨水蓝色。宝石中有平直的或以 60°、120°角相交的色带和双晶纹。用 20 倍放大镜观察,可见一个面上展布的指纹状气液包裹体和睡莲状包裹体(包裹体的中心是黑色矿物,边部围绕着一圈裂隙)。

5. 中国和澳大利亚产的蓝宝石

澳大利亚是世界上开采蓝宝石较早的国家,自 1851 年在昆士兰州发现蓝宝石矿后一直开采至今。中国自 20 世纪 80 年代以来,在东部的海南、福建、山东、江苏、安徽、黑龙江等省相继发现了许多蓝宝石矿床。其中以中国山东蓝宝石的质量最好,它与澳大利亚蓝宝石的质量和识别特征基本相同。

中国山东蓝宝石双晶纹不发育,块体完整,利用率高。中国山东和澳大利亚产的蓝宝石有透明蓝宝石和星光蓝宝石两种。

1)蓝宝石

靛蓝色蓝宝石内部洁净,除用肉眼能见到平直的或以 60°、120°角相交的色带以外,用显微镜观察也很少见到任何瑕疵。二色性极明显,一个方向是蓝色,另一个方向是绿色。

中国山东蓝宝石除靛蓝色蓝宝石之外,还产有少量的黄色、绿色蓝宝石和蓝色、黄色、绿色相间的花色蓝宝石以及极微量的暗红色蓝宝石。这些宝石透明、洁净、颜色明亮,几乎见不到任何瑕疵。只有借助蓝色滤光片的灯光照明,仔细用放大镜观察,才有可能见到不太明显的平直色带。

2)星光蓝宝石

中国山东和澳大利亚昆士兰州产有一种古铜色和蓝色不透明星光蓝宝石,这些星光蓝宝石光泽明亮,呈六射、十二射星光,星线纤细而明显,星光中心没有扩散的亮点,很像合成星光蓝宝石。中国山东产的星光蓝宝石中平直或以 60°、120°角相交的生长线明显,依此可以和具弧形生长线的合成星光蓝宝石区别。

(二)热扩散处理蓝宝石

热扩散处理蓝宝石主要来自泰国,是指把产于斯里兰卡等地的无色、乳白色蓝宝石琢磨成刻面型宝石后放进加有钛、铁氧化物的三氧化二铝的焙料中高温加热(1 750℃),使钛、铁等蓝色色素离子由宝石表层向内部扩散,形成附着在宝石表面上的一个靛蓝色外壳,然后再作最后的抛光处理。

用肉眼观察均有相同的识别特征,主要是观察宝石颜色的色调和颜色附着的位置。

凡是热扩散处理的蓝宝石,均呈鲜艳的带紫色色调的靛蓝色,外形很像优质靛蓝色蓝宝石。但由于颜色附着在宝石表面,所以看起来在宝石的边部、交棱处颜色变深。把宝石的台面向下,放进装水的瓷盘里,在宝石的边缘会有一个深色的圈,在棱角处也会呈现深色的棱线。而蓝色蓝宝石放进水中,颜色会随宝石厚度的递增而变,边部颜色会比中间色浅,也看不到相交的棱线。更主要的是热扩散处理蓝宝石中见不到蓝宝石平直的色带或不均匀的色团。热扩散处理蓝宝石在人工着色后,一般需要抛光,如果腰围上附着的蓝色被抛掉,那么用肉眼从平行宝石腰围的方向观察会看见一条无色的"腰带"。用20倍放大镜从腰围处向亭部的表层观察,可能见到附着在表皮的一层深色轮廓。

主要鉴定特征:高凸起、斑状刻面、腰围边效应、蓝色轮廓。

(三)合成蓝宝石

合成蓝宝石是用传统的焰熔法生产,有合成透明蓝宝石和合成星光蓝宝石两种。

1. 合成透明蓝宝石

合成透明蓝宝石的颜色鲜艳,主要有靛蓝色和橙黄色两种。颜色均匀、透明,内部洁净,常具粉末包裹体。将合成蓝宝石放在装水的瓷盘中,用20倍放大镜观察可见到边界模糊的弧形生长线,见不到蓝宝石那种平直或带角度的色带。

2. 合成星光蓝宝石

合成星光蓝宝石呈半透明,多呈带灰的蓝色,星线清楚。星线交汇处没有向外扩散的亮点。宝石底面弧形生长线十分明显,见不到蓝宝石的那种阶梯状裂理。

(四)蓝宝石与相似天然蓝色宝石的区别

自然界中与蓝宝石颜色相似的天然蓝色宝石有堇青石、黝帘石、蓝色尖晶石等。

1. 堇青石

堇青石是一种含铝、镁的硅酸盐,纯者无色,含微量的铁而呈靛蓝色和蓝色。硬度为$7 \sim 7.5$,折射率为$1.542 \sim 1.551$,双折射率为0.009,密度为$2.61 g/cm^3$,玻璃光泽。

堇青石与蓝宝石的鉴别:堇青石三色性极明显,蓝宝石具二色性;堇青石光泽弱,呈玻璃光泽,蓝宝石具强玻璃光泽;堇青石内部较洁净,偶见尘埃状云母包裹体,无平直或带角的色带和丝绢状的包裹体;堇青石的密度为$2.61 g/cm^3$,明显比蓝宝石低,用手掂无坠感。

堇青石主要来自马达加斯加、印度和斯里兰卡。缅甸、挪威、芬兰等国也有产出。

2. 黝帘石

宝石级黝帘石是1967年首先发现于坦桑尼亚,珠宝界将艳蓝色的黝帘石称之为坦桑石。

黝帘石是含钙、铝的硅酸盐,未经加热处理的黝帘石呈淡红紫色、淡黄绿色和蓝色,加热处理后的黝帘石呈带紫的靛蓝色。硬度为6.5,密度为$3.35 g/cm^3$,折射率为$1.691 \sim 1.700$,双折射率为0.009。

黝帘石与蓝宝石的鉴别:黝帘石的靛蓝色鲜艳、均匀,无色带或生长线;多色性明显,呈紫色、绿色、蓝色。

主要产地：坦桑尼亚。

3. 蓝色尖晶石

蓝色尖晶石与蓝宝石的区别在于：蓝色尖晶石的颜色不鲜艳，往往带有明显的灰色色调；无多色性；宝石中常可见串珠状八面体的尖晶石包裹体，没有具蓝宝石特征性的生长线和色带。

（五）最佳检测仪器

用二色镜观察蓝色蓝宝石呈深蓝、浅蓝或蓝色和绿色的二色性；热扩散处理蓝宝石因颜色附着在宝石表面，故没有二色性（表1-2）。最佳检测仪器还有折射仪、天平和放大镜（放大检查）。

表1-2　蓝宝石及相似的蓝色宝石物理特性表

宝石名称	硬度	密度(g/cm³)	折射率	双折射率	多色性
蓝宝石	9	4.00	1.762～1.770	0.008	二色性强
合成蓝宝石	9	4.00	1.762～1.770	0.008	二色性强
蓝晶石	4～6	3.68	1.716～1.731	0.015	三色性明显
合成尖晶石	8	3.63	1.728	无	无
尖晶石	8	3.60	1.718	无	无
黝帘石	6.5	3.35	1.691～1.700	0.009	三色性强
碧玺	7	3.06	1.624～1.644	0.020	二色性强
堇青石	7～7.5	2.61	1.542～1.551	0.009	三色性明显
玻璃	5～6	2.30	1.470	无	无

三、红宝石和蓝宝石的质量评价

（一）颜色

颜色是评价有色宝石最重要的指标，一般要求颜色鲜艳、色彩均匀，透明或半透明。红宝石颜色以"鸽血红"或纯红色为最佳，其次为红色、粉红色、紫红色。蓝宝石以矢车菊蓝色（略带紫色的蓝色）或纯蓝色为最佳。

颜色要求：鲜艳、纯正、均匀，以中—中深色调为好。红宝石：按"鸽血红"—鲜红色—纯红色—橙红色—紫红色—粉红色顺序，表示优→劣。蓝宝石：按矢车菊蓝—深蓝色—海蓝色—天蓝色—浅蓝色顺序，表示优→劣。其他颜色：按橙—黄—绿—紫—无色顺序，表示优→劣，且以浓艳纯正为佳。

红宝石和蓝宝石的颜色包括色彩、色调和饱和度几个方面：
(1)色彩,分为极好、非常好、好、较好、差五级；
(2)色调,按深浅分很深、深、中等、浅、很浅五级；
(3)饱和度,按鲜艳程度分很高、高、中等、较低、差五级。

(二)色彩和色调

就色彩和色调而言,天然产出的红宝石和蓝宝石不可能表现为单一的光谱色,这就会有主色和附色之分,如红宝石以红色为主,其间可带微弱黄色、蓝紫色；蓝色蓝宝石以蓝色为主,其间可能有微弱的黄色、绿色色调。原则上,红宝石和蓝宝石的颜色越接近理想的光谱色,颜色质量越高,如缅甸"鸽血红"红宝石和克什米尔矢车菊蓝宝石就与理想光谱色较接近,因此,它们质量最好。附色所占比例越大,颜色就越不纯,颜色质量就越差。

(三)切工

红、蓝宝石具明显的二色性。如果切磨时不讲究它的方向性,将严重影响到红、蓝宝石的颜色和魅力,就不能体现出红、蓝宝石的美丽和鲜艳。一般来说,红、蓝宝石都切磨成标准型、阶梯型和混合型款式。其暗及半透明的红、蓝宝石切磨成凸面型,而浅色红、蓝宝石切磨时常加厚背面来增加色彩。

(四)净度与透明度

越是纯净、透明的红、蓝宝石,价格越高。红、蓝宝石中常有裂纹、云状物、丝状物、乳白斑点及其他明显包裹体等瑕疵,无或越少越好。一般透明度越高越好(星光宝石除外)。部分颜色较好的半透明—不透明的刚玉晶体也常加工成弧面型宝石,但属劣质品。

(五)加工质量

加工质量主要依据切磨比例、对称程度、抛光精细程度等进行评价。加工质量的好坏不但影响美观,而且影响颜色。优质红宝石和蓝宝石要求底部切割适中。如底部太浅,将使中心完全成为"死区"；如底部太深,则会影响透明度,导致比例失调,同时影响镶嵌效果。

(六)星光红、蓝宝石的评价

除了必须具备理想的颜色、均匀的色调、无瑕疵、抛光精细等条件外,更为重要的是星线的亮度、形状位置、完好程度以及比例关系。星线越亮、形状越规则越好,星线的交点要求位于半球状宝石的顶点。偏离顶点,宝石的价格将大受影响。此外,星光红、蓝宝石要求星线细而平直、完好,如出现缺亮线、断亮线和亮线弯曲等现象也会严重影响其价格。宝石的加工比例也是重要的考虑因素,具体来说是考虑腰棱以下的质量。按理想比例,宝石腰棱以下部分占宝石总质量的1/4较为合适,太重者虽然可增加宝石的质量,但同时也将影响宝石的颜色、星光的亮度等。

第三节　　祖母绿

祖母绿是达到宝石级的含铬绿柱石。

象征意义：①为 5 月份的诞生石，象征着幸运、幸福和万物盎然的生命力，佩戴它会给人带来一生的平安；②是结婚 55 周年的纪念石，祖母绿的颜色在所有绿色宝石中几乎是独一无二的；③西方的珠宝文化史上，祖母绿被人们视为爱和生命的象征，代表着充满盎然生机的春天。

祖母绿深受欧美人士喜爱，优质者价格不菲。1993 年 4 月，在第三届北京国际博览会上展出的一串哥伦比亚产的祖母绿项链，其标价高达两亿美元。

一、祖母绿的基本特征

英文名称：Emerald。

矿物名称：绿柱石。

化学成分：$Be_3Al_2[Si_6O_{18}]$，可含有 Cr、Fe、Ti、V 等元素（含铬元素致色）。

结晶状态：晶质体。

晶　　系：六方晶系。

晶体习性：常呈六方柱状。

常见颜色：浅至深绿色、蓝绿色、黄绿色。

光　　泽：玻璃光泽。

解　　理：一组不完全解理。

摩氏硬度：7.5～8。

密　　度：$2.72(+0.18,-0.05)g/cm^3$，因产地不同可稍有差异。

光性特征：非均质体，一轴晶，负光性。

多 色 性：中等至强，呈蓝绿色、黄绿色。

折 射 率：1.577～1.583（±0.017）。

双折射率：0.005～0.009。

紫外荧光：一般无。

吸收光谱：683nm 和 680nm 强吸收线，662nm 和 646nm 弱吸收线，580～630nm 部分吸收带，紫区全吸收。

放大检查：三相包裹体（气-液-固）；两相包裹体（气-液）；矿物包裹体，如方解石、黄铁矿、云母、电气石、阳起石、透闪石、石英、赤铁矿等；裂隙常较发育。

世界上最优质的祖母绿出自哥伦比亚，中国、俄罗斯、巴西、津巴布韦、澳大利亚、美国等国也零星分布了一些祖母绿的产地。

二、肉眼识别特征

(一)祖母绿

祖母绿呈透明的翠绿色,在强光照射下(阳光、灯光)颜色更加艳绿。宝石常有裂纹、裂纹中充填的褐色铁质、白色或黑色矿物包裹体或气液包裹体。不同产地祖母绿的颜色的鲜艳程度和内部所含包裹体的种类不同,价格有较大差异。

1. 哥伦比亚祖母绿

哥伦比亚是世界优质祖母绿的主要产地,其产出的祖母绿呈透明的翠绿色、淡翠绿色,颜色鲜艳纯正。宝石中常含有愈合裂隙面和白色方解石或黑色碳质包裹体。用20倍放大镜观察可见锯齿形气、液、固三相包裹体。

2. 赞比亚祖母绿

赞比亚产出的祖母绿呈绿色、带蓝的绿色和暗绿色,颜色鲜艳,但微带灰色的色调。宝石中可见到片状黑云母小点、柱状角闪石、阳起石或透闪石包裹体。

3. 巴西祖母绿

巴西祖母绿呈深绿色、黄绿色,颜色较暗,透明度较差,属低档祖母绿。宝石中常见白色云朵状钠长石、方解石包裹体、层状展布的乳滴状包裹体、片状黑云母和粒状磁铁矿包裹体。

4. 俄罗斯乌拉尔祖母绿

乌拉尔祖母绿呈带黄的绿色,颜色偏暗,没有哥伦比亚祖母绿那么鲜艳,含有竹节状阳起石包裹体及片状、鳞片状黑云母包裹体。

5. 印度祖母绿

印度祖母绿呈带黄的绿色,颜色偏暗。宝石中含有逗号状包裹体,逗号状包裹体的尾部是云母碎片,两组逗号状包裹体垂直展布,呈现矩形。

6. 坦桑尼亚祖母绿

坦桑尼亚祖母绿可与哥伦比亚祖母绿相媲美,通常呈微带黄的绿色和带蓝的绿色,但粒度一般较小,大于 8ct[①] 以上的原料多数不透明,只能作雕刻石用。

7. 马达加斯加祖母绿

马达加斯加祖母绿颜色明亮,但较淡,呈淡蓝绿色。宝石内部比较洁净,除偶尔见到针状包裹体外,见不到任何内部缺陷。

---

① ct,克拉,是宝石的质量单位。1ct=0.2g。

（二）合成祖母绿

祖母绿的合成方法有助熔剂法和水热法两种。

1. 助熔剂法合成祖母绿

助熔剂法合成祖母绿颜色艳绿，无黄色或蓝色色调。在暗处将宝石放在一个黑色衬底的板上，用强聚光手电筒照射泛现红光。

宝石内部包裹体较多，用肉眼能看到乳白色扭曲的烟雾状或羽毛状熔剂包裹体。用70倍显微镜放大观察呈网格状、小滴状展布，其中充填褐黄色和黄色熔剂。放进水中用光线透射，羽毛状熔剂包裹体呈褐黄色，可见铂金坩埚掉下来的六边形或三角形的铂金片和六方柱状硅铍石小晶体。助熔剂法合成祖母绿和祖母绿的区别要点：红色荧光比祖母绿明显，在暗处放在黑衬底板上，用强光照射泛现祖母绿所没有的红光；肉眼可见祖母绿见不到的扭曲的乳白色烟雾状或羽毛状熔剂包裹体；见不到祖母绿中的愈合裂隙面。

2. 水热法合成祖母绿

水热法合成祖母绿透明，颜色均匀，呈艳绿色、微带蓝或黄的绿色。放在暗色衬底上用强手电筒照射泛现红光。肉眼观察内部洁净。用高倍放大镜观察能见到层状、向一个方向平行排列的管状包裹体和由柱状硅铍石和液体构成的钉形包裹体。用10倍放大镜可以见到在一个层面上展布的许多小点或钉形物。

（三）优化祖母绿

当祖母绿存在较多能降低宝石清晰度的愈合裂隙面时，商家往往采用注油的办法加以弥补。宝石表面会有通向内部的裂隙。

注油的祖母绿在10倍放大镜观察，注油处可以见到彩色的反光现象。如果裂隙没有被油完全充满，仍可见到不连续的空隙。如果将注油祖母绿放在白炽灯泡附近烘烤，油珠会从裂隙处渗出。

（四）祖母绿与相似绿色宝石和仿制品的区别

1. 钙铝榴石

钙铝榴石一般呈黄绿色，如含有微量的铬和钒会呈现翠绿色，与祖母绿十分相似。钙铝榴石的光泽比祖母绿强，内部包裹体较少，用手掂有重感。

2. 萤石

绿色、浅绿色的萤石光泽较弱，解理发育，内部洁净，硬度为4，用玻璃即能刻划。

3. 磷灰石

在马达加斯加产出的一种浅绿色、微带蓝的绿色磷灰石中,包裹体少,表面带有脂肪光泽,硬度为5,用小刀可以刻划。

4. 翡翠

优质翡翠的颜色呈祖母绿色,具有交织纤维斑状结构,为集合体。

5. 含铬透辉石

俄罗斯产的一种含铬透辉石,颜色纯绿,亦称俄罗斯祖母绿。但这种透辉石的包裹体很少,且双折射率大,用放大镜观察,在刻面宝石的低棱上可以见到双影。

6. 人造钇铝榴石

无色的人造钇铝榴石是一种美国生产的仿钻石材料,在其中加入微量的铬就能呈现艳绿色,因而常被用来仿祖母绿。人造钇铝榴石材料呆板、颜色艳绿,在暗处用手电筒照射泛现红色。光泽油亮,密度大,用手掂有重感。内部十分洁净,只要注意极易与祖母绿区分。

7. 玻璃

常见高密度绿玻璃,密度较大,一般在 $3.40\sim4.00g/cm^3$ 之间,用手掂有重感。折射率比祖母绿高,在 $1.600\sim1.660$ 之间。这种绿玻璃颜色艳绿,用肉眼有时可以见到乳白色羽毛状包裹体,放大镜下可见圆形气泡。

(五)最佳检测仪器

折射仪可测定祖母绿的折射率。祖母绿在查尔斯滤色镜下多显暗红色。

三、祖母绿的质量评价

对祖母绿的质量评价一般从颜色、透明度、净度、切工及质量等方面来进行,其中颜色是最为重要的。

1. 祖母绿的颜色

祖母绿的颜色呈翠绿色至深绿色。对颜色的评价应看其颜色的色调、绿色的深浅程度、颜色分布的均匀程度,以不带杂色或稍带有黄色或蓝色色调、中至深绿色为好。优质祖母绿的价格能与相同质量的优质钻石相媲美。

2. 透明度和净度

透明度和净度是相互影响的。净度可以直接影响透明度,如果内部杂质较多,特别是当裂隙较多时,其透明度将会受到影响。质量好的祖母绿要求内部瑕疵小而少,肉眼基本看不见。

3. 祖母绿的切工

祖母绿一般磨成四边形阶梯状，四个角常常被磨去，称为祖母绿型切工。这种切工可将祖母绿较深的绿色很好地体现出来。质量好的祖母绿一般都采用祖母绿型切工。祖母绿的切工还有闪烁型及闪烁型和阶梯型的混合型，但这两种切工类型很少采用，而且看似有玻璃状外观。质量差或裂隙较多的祖母绿一般切磨成弧面型或作为链珠。祖母绿切磨角度非常重要，当台面方向与光轴垂直时，显示常光方向的黄绿色；当台面平行光轴时，则显示蓝绿色，因为有50%的非常光显露出来。平行光轴方向的切磨有时强于垂直光轴方向的切磨，因为垂直光轴方向的常光总显示一种灰白色色调。

第四节 金绿宝石

金绿宝石的品种有透明的金绿宝石、猫眼和变石。其中以猫眼最受欢迎。金绿猫眼因产量稀少、坚固耐用、灵活美观而显得特别珍贵,属名贵宝石。在东南亚一带,猫眼常被认为是好运气的象征,人们相信它会保护主人健康长寿、免于贫困。

透明的金绿宝石主要产于巴西、马达加斯加、缅甸、津巴布韦,猫眼主要产于巴西、斯里兰卡,变石主要产于俄罗斯、斯里兰卡。猫眼主要产于气成热液型矿床和伟晶岩脉中。世界上最著名的猫眼产地为斯里兰卡西南部的特拉纳布拉和高尔等地。

一、金绿宝石的基本特征

英文名称:Chrysoberyl。
矿物名称:金绿宝石。
化学成分:$BeAl_2O_4$,可含有 Fe、Cr、Ti 等元素(含铬的金绿宝石称变石)。
结晶状态:晶质体。
晶　　系:斜方晶系。
晶体习性:板状、柱状、假六方的三连晶。
常见颜色:浅至中等黄色、黄绿色、灰绿色、褐色至黄褐色、浅蓝色(稀少)。
光　　泽:玻璃光泽至亚金刚光泽。
解　　理:三组不完全解理。
摩氏硬度:8～8.5。
密　　度:3.73($\pm$0.02)g/cm^3。
光性特征:非均质体,二轴晶,正光性。
多　色　性:三色性,弱至中,呈黄色、绿色和褐色。
折　射　率:1.746～1.755(+0.004,-0.006)。
双折射率:0.008～0.010。
紫外荧光:长波,无;短波,黄色和绿黄色宝石一般为无至黄绿色。
吸收光谱:445nm 强吸收带。
放大检查:指纹状包裹体、丝状包裹体,透明宝石可显双晶纹,阶梯状生长面。
特殊光学效应:星光效应(极少)。

二、肉眼识别特征

(一)透明的金绿宝石

金绿宝石透明,光泽明亮,呈强玻璃光泽。颜色为淡褐黄色、淡褐绿色。宝石内部有时可以见到一些羽毛状气液包裹体。外表与黄色蓝宝石和黄褐色钙铝榴石有些相似。肉眼不易识别,最佳鉴定仪器为折射仪。

（二）猫眼

自然界具猫眼效应的宝石品种很多，本书重点介绍以下四种。

1. 猫眼

猫眼是具猫眼效应的金绿宝石。猫眼呈半透明状，内部含有密集排列的纤维状包裹体。肉眼识别的要点在于颜色和清晰的猫眼效应。

猫眼的颜色是由铁元素致色，常含褐色色调。猫眼的颜色均呈棕褐色、淡褐黄色、淡褐绿色或淡蜜黄色。猫眼的光带纤细、明亮、移动灵活，即便是在室内光照条件下也显得十分清晰，这种现象是其他具猫眼效应的宝石所不能比的。

2. 石英猫眼

石英猫眼多呈浅褐黄色、浅褐绿色，半透明，玻璃光泽。它与猫眼的区别是：光泽没有猫眼油亮，光带较宽（猫眼的光带纤细），有时在一个弧面形的宝石上可以见到两条以上的光带；宝石中的纤维状包裹体比猫眼中的粗，光带的移动缓慢且有些呆滞；密度小（$2.64 g/cm^3$），手掂坠感不明显。

3. 软玉猫眼

中国台湾产的一种由纤维状角闪石密集排列的猫眼称为软玉猫眼。这种软玉猫眼呈淡褐黄色、褐绿色，不透明，光泽暗，呈弱玻璃光泽。亮带较宽，光带移动不灵活，十分呆滞。折射率为 1.61。

4. 玻璃猫眼

目前市场上常见由人造玻璃纤维构成的玻璃猫眼，有红色、蓝色、绿色、白色和褐黄色等。区别在于，玻璃猫眼在弧形顶端同时出现 2～3 条亮带（而猫眼仅有 1 条）。用 10 倍放大镜观察玻璃猫眼的两侧，可见六边形蜂巢状结构。玻璃猫眼的硬度低，在 5 左右，用小刀可以刻划出条痕。密度小，在 $2.64 g/cm^3$ 左右，用手掂无坠感。手摸有温感。

（三）变石

变石也称为亚历山大石，在阳光下呈绿色，在烛光或白炽灯光下呈红色。诗人称它是"白昼里的祖母绿，黑夜里的红宝石"。据说，俄国沙皇亚历山大二世在 1830 年生日那天，戴了镶有变石的王冠出席典礼，并用自己的名字将变石命名为亚历山大石。著名的变石产地是乌拉尔山脉。

市场上具有变色效应的宝石不多，本书介绍助熔剂法合成变石、合成变色蓝宝石和合成变色立方氧化锆。

1. 助熔剂法合成变石

助熔剂法合成变石呈伴有红色的棕绿色，具有扭曲的乳白色羽毛状助熔剂包裹体，在透射光照射下包裹体呈黄褐色。红色荧光比变石明显。

2. 合成变色蓝宝石

合成变色蓝宝石呈蓝紫色,内部洁净,少见包裹体。在日光下蓝色中伴有紫色,在白炽灯下呈紫红色,具玻璃光泽。

3. 合成变色立方氧化锆

合成变色立方氧化锆呈蓝紫色,内部洁净,少见包裹体。在日光下呈蓝紫色,在白炽灯下呈紫色。它和其他变色宝石的区别是光泽强、色散明显,密度大,用手掂坠感明显。

用多色性可区别变石或人造变石。变石具三色性,合成变色蓝宝石具二色性,合成变色立方氧化锆无多色性(表1-3)。

表1-3 变石与相似变色宝石的物理性质

宝石名称	硬度	密度(g/cm³)	折射率	多色性
变石	8.5	3.73	1.746~1.755	三色性强
合成变色蓝宝石	9	4.00	1.762~1.770	二色性强
合成变色立方氧化锆	8.5	5.80	2.15±0.03	无

(四)最佳检测仪器

用折光仪、荧光仪和查尔斯滤色镜可以检测它们的折射率、密度和多色性。

三、金绿宝石的质量评价

金绿宝石类有三个宝石品种,其各自质量评价要求不同。

(一)金绿宝石的质量评价

不具变色、猫眼效应的金绿宝石,其质量主要考虑颜色、透明度、净度、切工等因素。

(二)猫眼的质量评价

猫眼的品质好坏与价格高低,是由颜色、光线、质量以及完美程度来决定的。猫眼以光带居中、平直为正品,以闪光强弱分贵贱。透明度越高猫眼效应反而越不强,同时颜色愈淡则猫眼效应愈弱。最著名的是斯里兰卡出产的猫眼,其中以蜜黄色光带呈三条线者为最佳。

一般猫眼的光线特点是:

(1)当猫眼内部平行的结构有缺陷时,反映在宝石的光线上也就会有缺陷。当平行排列、结构疏密有别而不均匀连续时,则光线不连续且发生"断腿"现象。当内部结构不平行时,表现在光线上就会出现弯曲不直的现象。

(2)任何一粒猫眼,只要平行于宝石内部结构,在360°全方位都可以获得猫眼效应,但在与内部结构成垂直的两个对称面方向不能获得猫眼效应。

(3)宝石表面的弧度与猫眼的光线有着一定的联系。一般来说,当宝石弧度小时,宝石的光线就会粗大或不清晰,相反,弧度大的宝石表面所表现的光线则细窄而清晰。

(4)猫眼的内部包裹体粗而疏时,光线就会混浊。当内部包裹体细而密时,宝石的光线也就会明亮而清晰。

(5)猫眼的底部一般不抛光,以此减少光线的穿透和散失,而增加光的反射,对于颜色的增加也有益处。

(三)变石的质量评价

变石中最受欢迎的两种颜色是能够在日光下呈现祖母绿色,而在灯光下呈现红宝石的红色。但实际上变石很少能达到上述两种颜色,多数变石的颜色是在非阳光下呈现深红色至紫红色,并带有褐色调,以褐红色最常见。当在日光下呈淡黄绿色或蓝绿色,同时有较浅色调的褐色存在时,则会使宝石的亮度降低至中等程度。变石要求变色效应明显,白天颜色好坏依次为翠绿色、绿色、淡绿色,晚上颜色好坏依次为红色、紫色、淡粉色。

第二章 常见中低档有色宝石鉴赏

第一节 碧玺

碧玺(电气石)属硅酸盐,三方晶系。晶形常为柱状(三方柱加六方柱),柱面上有平行晶体延长方向的晶面条纹。其横截面呈球面三角形。

碧玺的颜色随成分而异,富含 Fe、Ti 呈黑色,含 Li、Mn 和 Cs 呈粉红色或淡蓝色,含 Cr、V 呈深绿色,含 Mg 呈黄色或褐色。颜色常呈色带环状分布。若内部为红色、边缘为绿色者,则称"西瓜碧玺"。此外,也有沿柱状延伸方向不同颜色分段生长的碧玺。

碧玺是自然界中成分最复杂的宝石之一,是极为复杂的硼硅酸盐。市场没有人工合成制品,与之相似的只有人造棕绿色水晶和双色水晶。

一、碧玺的基本特征

英 文 名 称:Tourmailine。

矿 物 名 称:电气石。

化 学 成 分:$Na(Mg,Fe,Mn,Li,Al)_3Al_6[Si_6O_{18}][BO_3]_3(OH,F)_4$。

结 晶 状 态:晶质体。

晶　　　系:三方晶系。

晶 体 习 性:浑圆三方柱状或复三方锥柱状晶体,晶面纵纹发育。

常 见 颜 色:各种颜色,同一晶体内外或不同部位可呈双色或多色。

光　　　泽:玻璃光泽。

解　　　理:无。

摩 氏 硬 度:7~8。

密　　　度:$3.06(+0.20,-0.60)g/cm^3$。

光 性 特 征:非均质体,一轴晶,负光性。

多　色　性:中至强,深浅不同的体色。

折　射　率:1.624~1.644(+0.011,-0.009)。

双 折 射 率:0.018~0.040;通常为 0.020,暗色可达 0.040。

紫 外 荧 光:一般无,粉红色、红色碧玺在长、短波下呈弱红色至紫色。

吸 收 光 谱:红色、粉红色碧玺是绿光区宽吸收带,有时可见 525nm 窄带,451nm、458nm 吸收带。蓝色、绿色碧玺是红区普遍吸收,见 498nm 强吸收带。

放 大 检 查:绿色者包裹体较少,其他颜色特别是粉红色和红色者常含大量充满液体的扁平状、不规则管状包裹体、平行线状包裹体。

红碧玺主要产于缅甸、巴西、克什米尔地区,以桃红透明者最珍贵,粉红透明者价值也很高。

绿碧玺主要产于巴西、美国、斯里兰卡,其中最珍贵的为祖母绿色,有"巴西祖母绿"之称,其次为黄绿色。

蓝碧玺主要产于俄罗斯,最珍贵的颜色如蓝宝石的蓝色,其次为淡蓝色,在巴西也发现有蓝色碧玺及罕见的紫罗兰色碧玺。

褐碧玺主要产于斯里兰卡、美国、肯尼亚等地。

双色及多色碧玺主要产于巴西、中国。我国新疆地区产有珍贵的西瓜碧玺,质量上乘。

无色碧玺主要产于意大利。

主要识别特征:强二色性,双折射率大,有明显双影,杂色碧玺的颜色不均匀,具热电性。

二、肉眼识别特征

(一)碧玺

碧玺透明,呈玻璃光泽。颜色很多,常见的有粉红色、红褐色、双色、墨绿色、翠绿色、黄绿色、蓝色、灰蓝色、白色等。除透明的品种之外,还有半透明具猫眼效应的电气石猫眼。因为碧玺的颜色很多,与之相似的透明宝石品种也多,所以只有根据碧玺独有的特点来与其他相似宝石区别。

1. 热电性

碧玺受热后,在晶体两端会产生正、负电荷。所以将碧玺戒面放在丝绸或皮革上快速摩擦,使它生热而产生电荷后,即能吸附贴近它的小碎纸片。

2. 双折射双影

碧玺的双折射率大(0.018~0.040),用10倍放大镜观察刻面宝石亭部的棱角处,可明显见到双影。

3. 二色性

除美国产粉红色碧玺之外,其他颜色的碧玺二色性均很明显,用肉眼从两个不同的方向观察,宝石的颜色明显不同。

4. 玻璃光泽

碧玺的玻璃光泽明亮,且有些刺眼。

5. 双色

有些碧玺在同一个晶体的内部和表皮或上端和下端的颜色不同。如美国加利福尼亚州圣迭哥产的碧玺晶体,中间是绿色,表面是红色。中国新疆阿勒泰产的碧玺晶体中间是红色,外表是绿色。当这些矿物加工成宝石后,在宝石的两端就有两种颜色。这种双色现象仅见于由放射性改色的双色水晶,其他宝石中很少见到。

6. 包裹体

除在美国产的粉红色碧玺中见到薄片状愈合裂隙面之外,其他颜色的碧玺中很少见到包裹体。包裹体少、内部洁净也是碧玺的一大特点。

(二)碧玺与相似宝石的区别

碧玺的颜色多样,是天然宝石中颜色最多的宝石,号称"彩宝之王"。光泽明亮,透明,与它相似的宝石较多。如与红色、粉红色碧玺相似的宝石有红宝石、红色尖晶石、锂辉石、橙红色托帕石、红色绿柱石,与蓝色碧玺相似的宝石有蓝色尖晶石,与绿色碧玺相似的宝石有含铬的透辉石、祖母绿、绿色绿柱石等。碧玺与上述宝石的主要区别在于它特有的热电性,把碧玺放在软布上摩擦生热后,能吸附贴近的纸屑,二色性强,棱线双影明显,易区分。本书主要介绍碧玺和合成双色水晶、玻璃、改色红碧玺的鉴别。

1. 合成双色水晶

合成双色水晶具有碧玺特有的热电效应,其肉眼识别的要点是:合成双色水晶两端分别是棕绿色、褐红色,颜色偏暗,带有灰色色调,两种颜色边界清楚,其间还会有数条平直的色带;双折射率小,底棱双影没有碧玺清楚;二色性比碧玺弱。

2. 玻璃

各种色彩鲜艳的玻璃,外貌与碧玺有些相似,识别要点是:玻璃没有热电性,无底棱双影和二色性,内部可见圆形气泡。

3. 改色红碧玺

改色红碧玺是由无色碧玺经过放射性辐射后变成红色。改色后的红碧玺色红均匀,物理化学特性与天然红色碧玺相同。区别在于红色不鲜,伴有灰色色调,没有天然红色碧玺鲜亮。

另外,粉红碧玺与相似粉红色宝石的区别如表 2-1 所示。

表 2-1 粉红色碧玺与相似粉红色宝石的区别

宝石名称	硬度	密度(g/cm^3)	折射率	双折射率	多色性
红色蓝宝石	9	4.00	1.762~1.770	0.008	强二色性
粉红色尖晶石	8	3.60	1.718	无	无
粉红色托帕石	8	3.53	1.619~1.627	0.008	二色性明显
红色绿柱石	7~7.5	2.72	1.577~1.583	0.006	二色性明显
芙蓉石	7	2.65	1.544~1.553	0.009	不明显
紫锂辉石	6.5~7	3.29	1.660~1.676	0.016	三色性明显
粉红色碧玺	7~8	3.06	1.624~1.644	0.020	强二色性

(三)最佳检测仪器

折射仪是检测碧玺的最佳仪器。碧玺的折射率在 1.624~1.644 之间,双折射率为

0.020,是折射率在 1.600～1.650 范围的宝石中唯一具高双折射率的宝石。为此,用折射仪测其折射率和双折射率是最佳的检测手段。

三、碧玺的质量评价

碧玺的经济评价主要考虑质量、颜色、净度、切工、透明度等因素,在评价中颜色是最重要的因素。其中色好、透明度好和粒大者是碧玺中的上品。有特殊光学效应的碧玺可增值。碧玺评价要素介绍如下。

(一)颜色

优质碧玺的颜色为玫瑰红、紫红色,它们价格很昂贵,而粉红色碧玺的价格较低。绿色碧玺以祖母绿色最好,黄绿色次之。因纯蓝色和深蓝色碧玺少见,故它们的价格也很高。好的红色碧玺的价格可比相同大小的绿色碧玺高出 2/3。所有颜色的碧玺都是以色泽亮、纯正者的价值为高。

(二)净度

对碧玺净度的评估要求是:内部瑕疵尽量少。晶莹无瑕的碧玺价格最高,含有许多裂隙和气液包裹体的碧玺通常用作玉雕材料。

(三)切工

碧玺的切工应规整,比例对称,抛光好。碧玺可切磨成各种形状,如祖母绿型、椭圆型、圆钻型和混合型。其中祖母绿型最能展现碧玺美丽的颜色,是最佳切工,相对价格也最高。

第二节 海蓝宝石

海蓝宝石和祖母绿同属硅酸盐绿柱石族中的成员,化学组成为 $Be_3Al_2(Si_2O_3)_6$,属六方晶系。因为含有微量的铁而呈现海水般的蓝色得名。它以淡雅的海水蓝色而颇受欧美人士的喜欢。海蓝宝石为3月份幸运石。

一、海蓝宝石的主要鉴定特征

海蓝宝石的颜色呈深浅不同的海水蓝色,玻璃光泽。多色性:二色性呈弱至中,呈蓝色和蓝绿色或不同色调的蓝色。折光率 1.577～1.583,U⁻,双折射率 0.006,硬度 7.5,密度 $2.72g/cm^3$。

二、肉眼识别特征

(一)海蓝宝石

海蓝宝石有两个品种:透明的海蓝宝石和海蓝宝石猫眼。

1. 透明的海蓝宝石

透明的海蓝宝石呈淡雅的海水蓝色,玻璃光泽,透明少瑕。除偶尔见到雨点状、管状气液包裹体外,绝大多数没有任何瑕疵。透明的海蓝宝石以透明的浅蓝色为识别特征。

2. 海蓝宝石猫眼

海蓝宝石猫眼呈半透明状的淡蓝色,用10倍放大镜观察可以看到平行排列的管状包裹体。

(二)海蓝宝石与相似宝石的区别

市场上与海蓝宝石相似的宝石不多,只有改色天蓝色托帕石、巴西天然天蓝色托帕石、斯里兰卡天蓝色蓝宝石和天蓝色玻璃。

1. 托帕石

人工改色天蓝色托帕石和巴西天然天蓝色托帕石均呈透明的海水蓝色,再加上内部无瑕,单凭肉眼极易与海蓝宝石混淆。肉眼识别的要点在于光泽和密度。

天然天蓝色托帕石或人工改色的天蓝色托帕石反光效果比海蓝宝石好,刻面型宝石内底部刻面上的反光面多,具有镜面般的亮白反光效果。海蓝宝石底部刻面上的反光面虽然也亮,但呈玻璃光泽,轻微转动宝石,反光面上还能呈现浅的褐黄色色散。另外,托帕石的密度大,手掂有明显的坠感。

2. 天蓝色蓝宝石

斯里兰卡产的一种天蓝色蓝宝石,颜色与海蓝宝石十分相似,但因其中含有许多乳白色的丝绢状金红石包裹体,内部没有海蓝宝石清澈。如果从刻面型宝石贴近腰围的上方向宝石内部观察,肉眼即可以看到乳白色的乳光。

3. 天蓝色玻璃

天蓝色玻璃的外貌与海蓝宝石几乎无差别,如果用肉眼识别,借助10倍放大镜,可观察到玻璃所特有的圆形气泡。

(三)最佳检测仪器

1. 折光仪

海蓝宝石与相似的宝石均有各自的光学性质,将宝石放在折射仪上测出折射率为1.577~1.583,即可以和相似宝石区别(表2-2)。

表2-2 海蓝宝石与相似淡蓝色宝石的物理特性

宝石名称	硬度	密度(g/cm³)	折射率	双折射率	多色性
海蓝宝石	7.5	2.72	1.577~1.583	0.006	二色性明显
锆石	7.5	4.69	1.926~1.985	0.059	二色性明显
托帕石	8	3.53	1.619~1.627	0.008	二色性明显
合成尖晶石	8	3.63	1.728	无	无
玻璃	5~6	2.30	1.470	无	无
磷灰石	5	2.13~3.23	1.634~1.638	0.002~0.008	二色性明显
天蓝色蓝宝石	9	4.00	1.762~1.770	0.008	二色性弱

2. 查尔斯滤色镜

将颜色相同的海蓝宝石和改色蓝托帕石放在查尔斯滤色镜下观察,所呈现出的现象有明显的差异。海蓝宝石颜色变得明亮,并呈黄绿色。而托帕石颜色变得灰暗,呈蓝灰色。天蓝色玻璃在查尔斯滤色镜下呈现的现象虽与海蓝宝石相同,但在偏光器中呈均质性。

三、海蓝宝石的产地

海蓝宝石多产自伟晶岩的大晶洞中。巴西盛产优质海蓝宝石,1910年在巴西巴伊亚矿山发现了一块重110.2kg的巨型海蓝宝石晶体,晶柱长48.26cm。1954年在巴西米纳斯吉拉斯发现了一块蓝色透明绿柱石,重34kg。马达加斯加曾盛产艳蓝色的海蓝宝石。其他产地有美国、苏联、印度等。中国新疆出产海蓝宝石,还发现了海蓝宝石猫眼,均产自伟晶岩中。

四、海蓝宝石的经济评价

海蓝宝石的颜色以微带绿色的蓝色为最好,颜色偏淡的价格较低。由于尺寸较大、质地纯净的海蓝宝石晶体比较容易得到,因而对其完美程度的要求也较高,那些有裂纹和肉眼可见包裹体的海蓝宝石均不用作宝石。具有猫眼效应的海蓝宝石价值相对较高。

第三节　橄榄石

橄榄石因颜色多为橄榄绿色而得名。优质橄榄石呈透明的橄榄绿色或黄绿色,清澈秀丽的色泽十分赏心悦目,象征着和平、幸福、安详,被誉为"幸福之石"。古代的一些部族之间发生战争时常以互赠橄榄石表示和平。橄榄石是 8 月生辰石。

一、橄榄石的基本特征

化学成分:$(Mg,Fe)_2SiO_4$(镁铁硅酸盐)。
结晶状态:晶质体。
晶　　系:斜方晶系。
晶体习性:呈柱状或短柱状,多为不规则粒状。
常见颜色:黄绿色、绿色、褐绿色(含铁量越多,颜色越深)。
光　　泽:玻璃光泽,断口为玻璃光泽至亚玻璃光泽。
透 明 度:透明至半透明。
解　　理:{010}解理中等不完全。
摩氏硬度:6.5~7。
密　　度:3.27~3.48 g/cm³。
光性特征:非均质体,二轴晶,正光性或负光性。
多 色 性:弱,黄绿色、绿色。
折 射 率:1.654~1.690(±0.020)。
双折射率:0.035~0.038,常为0.036。
色　　散:0.020。
紫外荧光:无。
吸收光谱:453nm、473nm、493nm 强吸收带。
放大检查(包裹体):深色矿物包裹体,负晶、盘状气液两相包裹体。还可见睡莲叶状包裹体,即在黑色铬铁矿和铬尖晶石等包裹体的四周有一因应力作用而呈现的平面状裂隙环,像睡莲的叶子。
重　　影:10倍放大镜下可见刻面棱重影。
特殊光学效应:星光效应(极为稀少)。
鉴别依据:颜色、折射率、密度、光谱。
主要产地:河北、吉林。

二、肉眼识别特征

橄榄石具有典型的黄绿色,与之相似的宝石不多,本书介绍透辉石、硼铝镁石和玻璃。

(一)橄榄石

橄榄石属自色宝石,其颜色是由铁离子致色,颜色单一,变化不大。橄榄石呈橄榄果那样的黄绿色和褐绿色。光泽柔和,反光效果极好,即便是在室内光线的照射下,亭部的小面几乎同时反光。诸多反光的小面混淆在一起,使宝石显得颇具灵气。橄榄石多色性不明显。橄榄石的橄榄绿色是橄榄石的主要鉴定特征之一,还应注意以下三点。

1. 棱线双影

橄榄石的双折射率较大(0.036),如果用20倍放大镜从宝石台面向底棱观察,能清楚地见到棱线折射出的双影。

2. 包裹体

橄榄石中包裹体的多少,因产地而异。中国是世界优质橄榄石的主要产地,所产的橄榄石多呈鲜艳的黄绿色,内部洁净,包裹体很少,可见睡莲状包裹体。这种包裹体用20倍放大镜观察可见中心是一颗黑色的铬铁矿,其周围有一个反光的片状裂隙环。如果将宝石台面向下放在一张白纸上,用肉眼观察,这种包裹体就可能呈现鱼鳞状的反光小片。如果在宝石中同时有几个包裹体,这几个小片就会向同一个方向倾斜。另外,以巴西为代表出产的褐绿色橄榄石,包裹体的含量较多,除睡莲状包裹体外,还可见较多杂乱无章的褐色云母小片。

3. 吸收谱线

三条等间距的吸收谱线是极为特征和典型的。主要识别特征:呈橄榄绿色,折射率和相对密度、双折射率高(0.036),双影明显,含睡莲状包裹体,具有典型铁的吸收光谱。

(二)橄榄石与相似宝石的区别

1. 透辉石

黄绿色、褐绿色透辉石的颜色与橄榄石有些相似,底棱的双影也清晰可见。区别在于:透辉石颜色偏暗,光泽不亮,反光效果差;从宝石亭部同时反光的小面少,比较零散,每个小面的三角形态十分清楚;反射出来的光非但不亮,还很呆板。而橄榄石的诸多小面混淆为一体,颇有灵气。另外,透辉石解理发育,有时能见到像多足毛虫一样的白色解理。

2. 硼铝镁石

硼铝镁石是1952年才从斯里兰卡的橄榄石中"分离"出来的宝石矿物,在这之前,一直被误认为是褐绿色的橄榄石。硼铝镁矿和橄榄石一样,同属斜方晶系,物理常数比较接近,折光率为1.665~1.710,双折射率为0.036~0.039,密度为3.47~3.50g/cm³,硬度为6.5~7,呈玻璃光泽。肉眼观察,它与橄榄石的主要区别在于:颜色中褐色成分偏多,呈褐绿色、褐色;多色性明显,从不同方向观察,可显示褐色、褐绿色;透明度差,有时会呈现半透明状。硼铝镁石至今仅见于斯里兰卡,市场上不常见,主要用于收藏。

3. 玻璃

黄绿色的玻璃外貌与橄榄石十分相似,区别在于:玻璃内部虽也洁净,但能见到圆形气泡;光泽虽亮,但不具油感;亭部的小面虽然反光明亮,但不像橄榄石那样诸多小面混淆一体;每个小面的三角形态清晰可见;底棱没有双影,密度小,用手掂无坠感。

(三)最佳检测仪器

1.折射仪

橄榄石双折射率大。准确测试折射率(1.654~1.690)和双折射率(0.036)是快速识别橄榄石的主要依据。

2.分光镜

橄榄石在可见光吸收谱蓝区的三条吸收带(473nm、493nm、453nm)清晰。

3.放大检查

内部可见包裹体和双影。

三、橄榄石的质量评价及产地

(一)质量评价

橄榄石属于中低档宝石,主要从以下几个方面进行质量评价。
(1)橄榄石的颜色要求纯正,以中—深绿色为佳品,色泽均匀,以有一种温和绒绒的感觉为好。越纯的绿色价值越高。
(2)橄榄石中往往含有较多的黑色固体包裹体和气液包裹体,这些包裹体都直接影响橄榄石的质量评价。当然以没有任何包裹体和裂隙的为佳品,含有无色或浅绿色透明固体包裹体的质量较次,而含有黑色不透明固体包裹体和大量裂隙的橄榄石则几乎无法利用。
(3)大颗粒的橄榄石并不多见,半成品橄榄石多在3ct以下,3~10ct的橄榄石少见,因而价格较高,而超过10ct的橄榄石则属罕见。

(二)产地

橄榄石在世界上分布较广,特别是东南亚及印度洋一带,早已是世界上著名的橄榄石产区。橄榄石的第二个主要产地是在缅甸莫谷地区的Bernardind山谷,但是它多年以来产量极少,晶体的颜色呈淡绿色,在过去的10年中也曾出产了一些大颗粒的橄榄石。橄榄石的其他产地还有巴西、澳大利亚、捷克、斯洛伐克、美国等。世界上最大的一粒橄榄石产自红海的扎巴贾德,重310ct,现存于美国史密斯学院。橄榄石也是我国为数不多的一种特色宝石,中国河北是橄榄石的重要产地。河北万县,产有一颗橄榄石,重236.5ct,被命名为"华北之星"。其他如吉林、内蒙古也产橄榄石。

第四节 托帕石

托帕石属斜方晶系。其化学组成为 $Al_2SiO_4(F,OH)_2$。晶体呈斜方柱状,晶面具有纵纹。用作宝石的托帕石原料,大多数经过流水的搬运而成卵形砾石。

一、托帕石的主要识别特征

托帕石的颜色有棕色、极淡的褐色、淡蓝色、粉红色和白色(指无色透明)等,玻璃光泽,折射率为 1.619~1.627。双折射率为 0.008~0.010,硬度为 8,相对密度为 3.53g/cm³。具有一组底面完全解理。特征包裹体:互不混溶的气液包裹体。

世界上色美的托帕石产量不多,只见于巴西。目前市场所见主要是由白色(指无色透明)的托帕石经过放射性辐照后呈现蓝色、天蓝色和橙黄色的托帕石。

托帕石的黄色象征着和平与友谊,以表达人们渴望长期友好相处的愿望。在西方人看来,托帕石可以作为护身符佩戴,用以辟邪驱魔,使人消除悲哀,增强信心。我国对托帕石的认识和使用有着悠久的历史。托帕石是一种色彩迷人、价格适中的中档宝石,深受人们喜爱。国际上许多国家定托帕石为 11 月诞生石,是友情、友谊和友爱的象征。

二、肉眼识别特征

托帕石颜色淡雅,光泽油亮,清澈透明。与它相似的宝石有水晶、海蓝宝石和碧玺。

(一)托帕石

托帕石的颜色有棕色、极淡的褐色、淡蓝色、粉红色和白色(指无色透明)。肉眼识别要点:清澈透明、特殊的包裹体、光泽、解理和坠感。

(二)辐照处理托帕石

经过放射性辐照后,再经低温固色的改色托帕石,多呈深、浅不同的天蓝色和橙黄色。它的颜色鲜艳明亮,是天然托帕石所没有的。即便是来自巴西的淡蓝色的天然托帕石,颜色也偏淡(略带天蓝色色调),没有改色的天蓝色托帕石那么鲜艳。改色托帕石的识别要点是:明亮的天蓝色或橙蓝色;内部洁净无瑕;用手掂有重感;用查尔斯滤色镜观察,天蓝色的托帕石变得灰暗。

(三)托帕石与相似宝石的区别

与无色和各种颜色(含辐照改色)的托帕石外观相似的宝石很多,最常见的是水晶、碧玺和海蓝宝石等。

1. 水晶

无色水晶和无色托帕石外貌相似,但两者相比,托帕石光泽油亮,内部清澈,亭部反光小面清晰而明亮,每个小面犹如镜面一样。无色水晶虽然也有明亮的反光面但呈玻璃状,光泽远不如托帕石柔和明亮。密度也比托帕石小,用手掂坠感不明显。

橙黄色的水晶常冒充托帕石出售,而两者的差别是:橙黄色水晶的颜色不均,放进装水的器皿中,用肉眼能见到不均匀的色斑或条带。天然托帕石中,橙黄色的颜色少见,常见的只是改色而成的橙黄色托帕石。改色的橙黄色托帕石颜色鲜艳、均一,亭部小面反光明亮,且有重感。

水晶具有压电(热电)效应,将宝石的台面向下在一块布或丝绸上来回摩擦数十次,即能产生正、负电荷,能吸附贴近的小纸屑,而托帕石则见不到此种现象。

2. 碧玺

棕红色碧玺与巴西产的棕红色托帕石相似。区别在于刻面型碧玺内部小面的反光效果没有托帕石的柔和油亮,用布或丝绸摩擦后带电,能吸附小纸屑。碧玺的底棱双影和多色性均比托帕石明显。

3. 海蓝宝石

海蓝宝石的颜色和改色天蓝色托帕石十分相似。区别在于海蓝宝石的光泽没有改色托帕石油亮,尤其是戒面亭部的小反光面没有托帕石明亮,而且密度小、手掂坠感不太明显。在查尔斯滤色镜下观察发现,海蓝宝石的颜色变得更加鲜艳,而改色托帕石的颜色变得灰暗。

(四)最佳检测仪器

1.查尔斯滤色镜

在查尔斯滤色镜观察下,天蓝色改色托帕石的颜色变得灰暗,依此可与海蓝宝石区别。

2.重液

托帕石比一般的相似宝石密度都大,放进重液中很快下沉。

三、托帕石的质量评价、产地及市场

(一)质量评价

托帕石属中档宝石。从颜色来看,深红色的托帕石价格最高,质优者价格昂贵。其次是粉红色,再就是蓝色和黄色。无色托帕石价格最低。托帕石中常含气液包裹体和裂隙,含包裹体多者则价格低。评价时,应注意区分颜色是天然的,还是人工改色的。

优质的托帕石应具有明亮的玻璃光泽,若因加工不当而导致光泽暗淡,则会影响宝石的价格。

(二)产地

巴西是全世界托帕石最重要的产地,其产量曾达到世界总产量的95%。目前市场上托帕石可分成三个不同系列:①普通的需改善质量的无—浅蓝色系列的宝石,主要产自巴西、斯里兰卡、尼日利亚和中国等国家;②较好的粉色和其他颜色的宝石,主要产自巴西和巴基斯坦;③珍贵的金黄—血利酒色的宝石,主要产自巴西的米纳斯·吉拉斯州的Ouropreto附近的矿山,此外,巴基斯坦Katlang地区也有产出。

市场上流行的一些托帕石的颜色是经辐照处理和热处理的结果。我国市场上有些蓝色托帕石是由天然无色托帕石先经辐射使之呈褐色,然后再加热处理而呈蓝色的。巴西粉红色和红色托帕石是该地产的黄色、橙色托帕石经热处理后的产物。

优质的酒黄宝石售价可达50~1 000美元/ct,黄色托帕石10~100美元/ct,蓝色托帕石4~100美元/ct,改色的蓝色托帕石1~25美元/ct,粉红色托帕石售价高达1 150美元/ct。国内市场上有较多的改色蓝托帕石,镶嵌好的改色蓝托帕石售价200~500元人民币/枚。优质酒黄宝石托帕石和红色托帕石不多见。

第五节　尖晶石

尖晶石(Spinel)属氧化物类,其化学组成为 $MgAl_2O_4$。纯者无色,因含不同杂质元素而呈现不同颜色。其中因含 Cr 而致红色的尖晶石,高雅绚丽,可以与红宝石媲美。

尖晶石具有星光效应和变色效应(日光下呈灰蓝色,钨丝灯光下呈紫色)。1660 年,一颗大粒的红色尖晶石(约 170ct)曾经被当作红宝石镶在英国国王皇冠的中心位置,并取名为"黑王子红宝石"(Black Prince's Ruby)。

一、尖晶石主要鉴定特征

尖晶石属等轴晶系,均质体,晶体常呈八面体。市场上常见的尖晶石以红色和蓝色为主,带灰色色调,透明度高,具强玻璃光泽,硬度为 8,折射率为 1.718(合成尖晶石:1.728),相对密度为 3.60。红色尖晶石发红色荧光。

二、肉眼识别特征

市场上销售的尖晶石,除天然尖晶石外,还有合成尖晶石,它们的区别在于颜色和包裹体。

(一)天然尖晶石

尖晶石有多种颜色,如红色、粉红色、蓝色、蓝紫色、紫色、灰绿色、灰色等。除红色、粉红色的尖晶石鲜艳、明亮外,其他颜色均带有灰色色调。肉眼识别的依据是透明、光泽油亮、颜色均一,宝石内部常含有一些小的无色八面体尖晶石或黑色磁铁矿包裹体,有时能见到指纹状气液包裹体和铁染的棕黄色愈合裂隙,晶体常呈八面体。缅甸产的尖晶石还可见到六方柱状的磷灰石包裹体。斯里兰卡产的尖晶石中可以见到短柱状带褐色晕圈的锆石包裹体。

(二)合成尖晶石

合成尖晶石中元素之间的比例,与天然尖晶石不同,天然尖晶石中的 MgO 与 Al_2O_3 的比例是 1:1,而合成尖晶石中的 MgO 与 Al_2O_3 的比例是 1:1.5 至 1:3.5 之间,为此合成尖晶石的折射率和密度都比天然尖晶石高。天然尖晶石的折光率为 1.718,密度为 3.60g/cm^3;而合成尖晶石的折光率一般为 1.728,密度是 3.63g/cm^3。在正交偏光镜下观察,合成尖晶石还呈现光性异常,有"斑纹消化"现象。肉眼识别的主要依据是颜色和包裹体。合成尖晶石可见气泡、弧形生长线,而天然尖晶石内可见晶体包裹体、平直生长线。合成蓝色尖晶石(由 Co 致色)在滤色镜下呈红色。

由于合成尖晶石的用途不同,当前市场上流通的合成尖晶石有以下几个品种。

1. 无色合成尖晶石

无色合成尖晶石光泽明亮,宝石内部洁净,很少见到包裹体。一般都琢磨成长方形、梯形等小刻面的宝石,充当小钻石群镶在首饰主宝石的周围。它与钻石的区别是见不到色散,在短波紫外光下显示明亮的浅蓝白色荧光。

2. 红色合成尖晶石

红色合成尖晶石颜色红艳,与天然尖晶石的区别是:宝石内部有密集排列的弧形生长线和成片的云雾状气泡。由于合成红色尖晶石性脆,极易碎裂,所以市场上比较少见。

3. 蓝色合成尖晶石

蓝色合成尖晶石呈鲜艳的纯蓝色,透明,光泽明亮,内部洁净。因为含有少量的钴和铬,如果将成品放在暗处用强光照射,在蓝的底色上能泛出红色的闪光。

(三)尖晶石与相似宝石的区别

天然宝石中与红色尖晶石相似的宝石有红宝石和镁铝榴石。红宝石的颜色红艳但不均匀,放在装水的器皿中透视,能见到旋涡状的红色条纹、红色斑块或平直的色带。缅甸产的红宝石有乳白色丝绢状金红石包裹体,泰国产的红宝石有煎蛋状黑色矿物包裹体。而红色尖晶石颜色均一、红艳,内部清澈,有八面体小尖晶石或磁铁矿包裹体。镁铝榴石颜色均匀,红色中总是带有褐色或玫瑰色色调,包裹体甚少,偶尔见到针状包裹体。

蓝色、灰蓝色、蓝紫色、绿色尖晶石与蓝宝石的区别在于:蓝宝石二色性明显,有平直的或以120°、60°角相交的色带或丝绢状金红石包裹体;而尖晶石的颜色均一,没有二色性,有八面体的矿物包裹体。

(四)最佳检测仪器

1.折射仪

尖晶石的折射率为1.718,合成尖晶石的折射率为1.728。镁铝榴石的折射率比前两者都高,为1.714~1.742,红宝石为1.762~1.770。

2.分光镜

识别镶嵌在首饰上的红色尖晶石最好借助分光镜。红色尖晶石和红宝石的吸收光谱相似,分别在紫色区、黄绿色区都有宽的吸收带,在红色区有吸收线。区别在于尖晶石没有红宝石在蓝区的三条吸收线。

三、尖晶石的质量评价与产地

(一)质量评价

尖晶石的质量评价主要是从颜色、透明度、净度、大小及切工等方面来进行的。其中颜色最为重要,以深红色为佳,其次为紫红色、橙红色、浅红色和蓝色,要求色泽纯正、鲜艳。其他颜色的尖晶石一般颜色发灰,色不正,价格都不高。

尖晶石的透明度影响颜色和光泽,同时受其净度影响。尖晶石的净度一般以内含物少为佳。内含物多或是晶体结构的强烈变形,均会影响尖晶石的透明度。透明度越高,则质量越好。

尖晶石切工也是影响其价格的一个因素。优质尖晶石常以刻面型切工出现,而且切磨比例正确,以祖母绿型切工为佳。但市场上常见的尖晶石,一般质量较低,颗粒较小,为保重常导致切工比例失调,其价格也不会太高。

优质的尖晶石要求颜色好、透明度高、净度好,并且大小、切工比例适当及抛光修饰程度好。

(二)产地

优质的尖晶石产于缅甸、斯里兰卡。其他如柬埔寨、泰国、尼日利亚、巴西、美国、澳大利亚等国也有产出。缅甸是最好质地尖晶石的产地,它与红、蓝宝石伴生。斯里兰卡产的尖晶石,颜色趋向于蓝色和紫色的色调,偶尔也发现呈红色和粉色,这些颜色可以和缅甸的尖晶石颜色相媲美。20世纪80年代以后在俄罗斯的帕米尔发现了新的粉红色尖晶石产地。俄罗斯的尖晶石主要在帕米尔山脉,以红色和粉红色为主,透明度高,颗粒较大,一般可达十几克拉。

第六节　石榴子石

数千年来,石榴子石被认为是信仰、坚贞和纯朴的象征。人们愿意拥有、佩戴并崇拜它,不仅是因为它的美学装饰价值,更重要的是人们相信它具有一种不可思议的神奇力量,使人逢凶化吉、遇难呈祥。现今,石榴子石作为1月份诞生石,象征着忠实、友爱和贞洁。

石榴子石也叫石榴石。作为一个矿物族的总称,其英文名为 Garnet,源自拉丁语 Granatum,意思是"粒状、像种子一样"。据英文音译,国内少数人也称之为"加内石"。"石榴石"这一中文名字,形象地刻画了这个矿物的外观特征,从形状到颜色都像石榴中的"籽"。相传,石榴树来自安息国[①],史称"安息榴",简称"息榴",并转音为"石榴"。我国珠宝业界人士常称石榴子石为"紫牙乌"。

一、石榴子石的基本特征

化学成分:石榴子石是岛状硅酸盐矿物,类质同像替代广泛,化学成分变化大。它分为两大系列:一为铝榴石,常见品种有镁铝榴石、铁铝榴石、锰铝榴石;另一类为钙榴石,常见的有钙铝榴石、钙铁榴石、钙铬榴石。

结晶状态:晶质体。

晶　　系:等轴晶系。

晶体习性:菱形十二面体、四角三八面体、菱形十二面体与四角三八面体的聚形。

颜　　色:石榴子石的颜色千变万化,与其类质同像替代有关。常见的颜色有以下几种。

(1)红色系列包括红色、粉红色、紫红色、橙红色等。

(2)黄色系列包括黄色、橘黄色、蜜黄色、褐黄色等。

(3)绿色系列包括翠绿色、橄榄绿色、黄绿色等。

光　　泽:玻璃光泽至亚金属光泽。

解　　理:无。

摩氏硬度:7~8。

密　　度:石榴子石密度亦受类质同像替代的影响,不同的品种密度值变化较明显。从矿物学角度看,石榴子石的密度在 3.50~4.20g/cm^3 之间变化。

光性特征:均质体,常见异常消光。

多 色 性:无。

折射率:石榴子石折射率值随成分变化而略有不同。从矿物学角度来看,铝系列的石榴子石折射率值在 1.714~1.830 之间,钙系列的石榴子石折射率值在 1.734~1.940 之间,铝质系列的在 1.710~1.830 之间。

双折射率:无。

紫外荧光:在紫外线下为惰性。

吸收光谱如下所示。

[①]安息国指帕提亚帝国,又名安息帝国,是亚洲西部伊朗地区古典时期的奴隶制帝国。

(1) 镁铝榴石：有564nm宽吸收带、505nm吸收线，含铁者可有440nm、445nm吸收线，优质镁铝榴石可有铬吸收（红区）。

(2) 铁铝榴石：有504nm、520nm、573nm强吸收带，有423nm、460nm、610nm、680nm～690nm弱吸收线。

(3) 锰铝榴石：有410nm、420nm、430nm吸收线，有460nm、480nm、520nm吸收带，有时可有504nm、573nm吸收线。

(4) 钙铝榴石：铁致色的贵榴石（Almandite）可有407nm、430nm吸收带。

(5) 钙铁榴石、翠榴石：有440nm吸收带，也可有618nm、634nm、685nm、690nm吸收线。

放大检查：镁铝榴石含针状包裹体、不规则状和浑圆状晶体包裹体。铁铝榴石含针状包裹体（通常很粗）、锆石放射晕圈，以及不规则浑圆状低突起晶体包裹体。锰铝榴石含波浪状、不规则状和浑圆状晶体包裹体。钙铝榴石含短柱状或浑圆状晶体包裹体，具热浪效应。钙铁榴石含马尾状包裹体。

石榴子石的折射率高，光泽明亮，颜色美丽，是现今人们喜爱的宝石品种之一。最受人们欢迎的是绿色的钙铁榴石、钙铝榴石和红色的镁铝榴石。市场上多见的则是暗红色的铁铝榴石。

二、石榴子石的品种及肉眼识别特征

（一）铁铝榴石

1. 鉴定要点

铁铝榴石是一种最常见的石榴子石，有时被称为贵榴石。其鉴定要点为如下几点。

(1) 颜色：常为褐红色至略带紫色的红色。

(2) 吸收光谱：在黄区、绿区和蓝区共有三条宽的强吸收带，有时在橙区和蓝区各伴生一条弱带。

(3) 特殊光学效应：有四射星光效应，但效应一般较弱。

(4) 包裹体：铁铝榴石可含晶体包裹体，有时伴生应力裂纹。针状金红石晶体是典型的包裹体，它们的方向通常与菱形十二面体的边缘平行。其他包裹体还有磷灰石、钛铁矿、尖晶石、独居石、黑云母、石英等。

(5) 产状及产地：主要产于区域变质角闪片麻岩、片岩、板岩中，此外还产于火成岩及接触变质带中，铁铝榴石还以砂矿的形式产出。主要产地有印度、巴西、斯里兰卡、中国等。

铁铝榴石中因铁的含量高（约占43.4%）而颜色较暗，呈暗红色。铁铝榴石在民间的应用很早，早在古埃及的遗址中就曾发现许多铁铝榴石。在古希腊、古罗马时代，这种宝石已被人们用来作为驱邪的护身符。

2. 物理化学性质

铁铝榴石化学组成为$Fe_3Al_2(SiO_4)_3$。属等轴晶系，晶体的外形轮廓近圆粒状，呈菱形十二面体、四角三八面体。宝石的原料多是一些滚圆的小砾石。铁铝榴石的颜色深浅不同，但均呈带有褐色色调的红色或玫瑰红色。透明，具星光效应的呈半透明状。强玻璃光泽至亚金刚光泽。均质体,常见异常干涉色。单折射,折射率为 1.760~1.820,常见为 1.79。硬度为 7~7.5。具贝壳状断口,密度为 4.05g/cm³。

3. 肉眼识别特征

铁铝榴石呈带褐色色调的深红色、红色、玫瑰红色,光泽明亮,透明,内部洁净,用 50 倍的显微镜才能见到极少的以 70°、110°角相交的针状金红石包裹体。有些晶体含有较多的密集排列的针状金红石包裹体,当被琢磨成弧面后,能呈现出四射星光。颜色和光泽是识别铁铝榴石的主要依据。

铁铝榴石颜色偏暗,无论是深红色还是淡的玫瑰红色,当转动宝石观察时,均能显示出褐色色调,光线愈强,褐色色调愈明显。另外,将磨好的刻面型铁铝榴石的台面向上,放在暗处用手电筒照射,可见亭部相邻的两个小面反射出的颜色反差很大,一侧小面红色明亮,甚至刺眼;另一侧小面颜色变暗,以至呈暗黑红色。依此特征可以和颜色相似的红宝石、尖晶石相区别。

另外,褐红色的锆石,外观也与铁铝榴石相似,区别在于刻面形锆石的底棱上用 10 倍放大镜观察,有明显的棱线双影,而铁铝榴石则无此现象。

4. 最佳检测仪器

用分光镜观察可以看见铁铝榴石所特有的可见光吸收谱,即在黄区(576nm)、绿区(527nm、505nm)有三条清楚的吸收带,在蓝区、橙区有两条弱吸收带,依此可以与镁铝榴石等任何宝石区分。

(二)镁铝榴石

镁铝榴石的英文名称为 Pyrope,来源于希腊文 Pyropos,意思是像"火一般的",说明它的颜色像火那样红。

1. 鉴定要点

镁铝榴石的商业名为红榴石,成分中总含有铁铝榴石和锰铝榴石。铁铝榴石组分用光谱方法可以很容易地检测出来,大而纯净的、颜色漂亮的镁铝榴石价值昂贵,但非常罕见。鉴定要点为如下几点。

(1)颜色:深红色、浅黄红、浅粉红色。
(2)吸收谱:在红区有弱双线,以黄绿区为中心有一宽吸收带,在紫区普遍吸收。
(3)包裹体:镁铝榴石内部较纯净,包裹体较少,仅见固体包裹体。有时有细小针状晶体或由石英组成的圆形雪球状小晶体。
(4)产状及分布:主要产于金伯利岩、橄榄岩和蛇纹岩及其风化而成的砂砾层中,还产于榴辉岩及其他基性火成岩中。主要产地有捷克、斯洛伐克、南非、东非、美国、俄罗斯、中国等。

2. 物理化学性质

镁铝榴石化学组成为 $Mg_3Al_2(SiO_4)_3$。属等轴晶系,呈菱形十二面体和四角三八面体,晶体的外形为近圆粒状。宝石原料一般都是不规则的块状或小砾石,呈红色、玫瑰红色,透明,强玻璃光泽至亚金刚光泽。均质体,可显示光性异常。单折射,折射率为1.714~1.742,常见的为1.74。硬度为7~7.5。密度为3.78g/cm^3。

3. 肉眼识别特征

镁铝榴石呈明亮的红色、玫瑰红色,透明,光泽明亮,内部洁净。

自然界中与镁铝榴石相似的宝石有红宝石、红色尖晶石和铁铝榴石。它们的区别在于颜色和包裹体。当转动镁铝榴石时,它的红色虽然明亮、鲜艳,但仔细观察,在红色中总伴有浅的褐色或紫色的色调。刻面型的镁铝榴石在强光下照射,相邻的小面颜色反差明显,一侧是明亮的红色,一侧是颜色变暗。另外,镁铝榴石的包裹体少,如用20倍放大镜观察,偶尔能见到70°、110°交角的针状金红石包裹体。而红宝石的红色虽然鲜艳、明亮,但不均匀,在暗处用强光照射,亭部小面混染一体,看不清相邻的刻面。宝石中常含有丝绢状金红石或煎蛋状黑色矿物包裹体。红色尖晶石的颜色鲜艳,内部清澈,有时能见到八面体的无色尖晶石和黑色磁铁矿包裹体。

铁铝榴石和镁铝榴石是石榴子石系列中的两个端员矿物,由于两者化学式中的铁和镁可以相互以任意比例替代,所以两者之间的物理性质也呈逐渐过渡的关系,没有截然的分界线。在珠宝专业中,一般借助折射率和可见光吸收谱的不同将二者区分开。折射率为1.714~1.742的属镁铝榴石,折射率为1.760~1.780的为铁铝榴石。在可见光吸收谱的红色波段中,有铬吸收线的为镁铝榴石,没有铬吸收线的为铁铝榴石,两者用肉眼识别较难区分。一般来说镁铝榴石的颜色鲜艳、明亮,多呈玫瑰红色和红色;而铁铝榴石的颜色偏暗,多呈暗红色、暗玫瑰红色、橙红色,在光线明亮的地方观察,褐色色调相对明显。

4. 最佳检测仪器

(1)分光镜。用分光镜观察可见,含铬镁铝榴石在红区有两条弱线,以黄绿区为中心有一条宽吸收带,在紫区全吸收。镁铝榴石的吸收谱与铁铝榴石的最大区别,是在红区有铬的吸收线和在黄绿区有宽的吸收带。

(2)折射仪。各种石榴子石均有各自的折射率值,折射仪是最佳的检测仪器。

(三)锰铝榴石

1. 鉴定要点

锰铝榴石的英文名称是Spessartine,具有黄色至橙红色的各种色调,其中橙红色最漂亮,价值较高。锰铝榴石是相当罕见的宝石,鉴定要点为以下几点。

(1)颜色:最好的颜色为橙红色,一般为黄褐色、红褐色、浅橙色。

(2)吸收光谱:在紫区有两条极强带,在蓝绿区、蓝区、紫区可能伴生四条较弱带。

(3)包裹体:典型的包裹体是由液滴组成的羽状体,它们往往具特征的切碎状外观。

(4)产状和产地:锰铝榴石主要产于花岗伟晶岩、片麻岩、石英岩以及砂矿中,主要产地有斯里兰卡、缅甸、巴西、马达加斯加等。

2. 物理化学性质

锰铝榴石化学组成为 $Mn_3Al_2(SiO_4)_3$。属等轴晶系,晶体呈菱形十二面体、四角三八面体。宝石原料多是一些不规则的块体,呈橙黄色至橙红色。强玻璃光泽至亚金刚光泽。均质体,可见异常干涉色。单折射,折射率为 1.790～1.814,一般为 1.810。硬度为 7～7.5。密度为 $4.12～4.20g/cm^3$。

3. 肉眼识别特征

锰铝榴石呈橙红色、橙黄色,透明,光泽明亮,宝石内部用 20 倍放大镜观察可以看到波纹状像裂隙一样的气液包裹体。明亮的橙红色是它的主要识别特征。

自然界中与锰铝榴石相似的宝石有光泽明亮、微带褐色的橙红色铁钙铝榴石。用肉眼观察两者的区别,主要在于不同的包裹体。锰铝榴石用肉眼观察内部洁净,而铁钙铝榴石中有诸多闪光的小亮点。如果用 20 倍放大镜观察,铁钙铝榴石的内部像是波浪起伏的海湾,其中飘浮着旋涡状的波纹和像帆船一样的无色柱状磷灰石包裹体。

4. 最佳检测仪器

用折射仪检测锰铝榴石的折射率为 1.81,超过折射仪测量范围,铁钙铝榴石的折射率在 1.75 左右。

(四)钙铝榴石

钙铝榴石的英文名称是 Grossular,是由拉丁文"绿色的水果"演化而来,缘于它的颜色多呈黄绿色。

1. 鉴定要点

鉴定要点为以下几点。
1)颜色
根据颜色可将钙铝榴石进一步分为以下类型。
(1)铁钙铝榴石。也称桂榴石,常呈褐黄色至褐红色。内部包裹体特征对这个品种来说是非常典型的,大量的圆形晶体和独特的油脂或糖浆状内部效应产生了粒状外观,晶体可能是磷灰石或锆石。
(2)绿色钙铝榴石。包括铬钒钙铝榴石,呈明亮的蓝绿色至黄绿色。钒被认为是致色的原因,一些宝石还含有铬。一些宝石的吸收光谱特征是在红区和橙区有吸收带,具针状至纤维状晶体包裹体。这个品种在查尔斯滤色镜下显粉红或红色。
(3)含水钙铝榴石。其特征是化学成分中含水和羟基(OH)。晶体呈块状,绿色、粉红色至灰白色,在一些品种中由铬致色,透明至微透明,含细粒和通常无固定形状的黑色不透明包裹体。在 X 射线下发橙色光,绿色材料在查尔斯滤色镜下可呈粉红色。
2)产状和产地
钙铝榴石主要产于变质的不纯钙质岩石中,尤其是接触带上,此外还产于片岩和蛇纹岩中。主要产地有美国、南非、巴基斯坦等。

2. 物理化学性质

钙铝榴石化学组成为 $Ca_3Al_2(SiO_4)_3$。属等轴晶系,晶体多为菱形十二面体,原料多是小的碎块。它的基础色调是黄绿色。有的可深至翠绿色,浅至浅黄绿色。强玻璃光泽至亚金刚光泽。均质体,可见异常干涉色。单折射,折射率为 1.730~1.760,一般为 1.74。硬度为 7~7.5。密度为 3.57~3.73g/cm³,一般为 3.61g/cm³。

3. 肉眼识别特征

钙铝榴石有三个品种:钙铝榴石、铁钙铝榴石、钙铝榴石岩。

(1)钙铝榴石。钙铝榴石多呈黄绿色,强玻璃光泽,反光效果好。宝石中常含有一些气液包裹体和少量磁铁矿包裹体。含铬、钒的变种呈祖母绿一样的翠绿色,在查尔斯滤色镜下观察呈暗红色。

(2)铁钙铝榴石。是含铁的钙铝榴石,褐黄色至橙红色,强玻璃光泽。颜色有些接近锰铝榴石,但它内部具有旋涡状波纹和大量磷灰石包裹体,两者叠加在一起,犹如倒映在碧波中的风帆。这种特殊的内部现象,可以和任何宝石区别。

(3)钙铝榴石岩。为含水的微粒钙铝榴石集合体。半透明至不透明,玻璃光泽,呈带绿点的白色或带白点的绿色。绿色的钙铝榴石含铬,在查尔斯滤色镜下呈红色,硬度5.5,是当前市场上冒充翡翠的主要玉料。

4. 最佳检测仪器

用折射仪检测可知钙铝榴石的折射率为 1.730~1.760,一般在 1.740 左右。

(五)钙铁榴石

钙铁榴石的英文名称是 Andradite,因含杂质 Ti 和 Cr,使得钙铁榴石产生不同的颜色。形成的变种有:黑榴石、钛榴石,因含 Ti 而呈黑色;黄榴石,呈黄绿色,一般颗粒较小,大于 2~3ct 的琢型宝石也很珍贵;翠榴石,因含铬而呈鲜艳绿色,是最有价值的石榴子石之一。

1. 鉴定要点

1)颜色

钙铁榴石常呈黄色、绿色和黑色。

2)部分品种特征

(1)钛榴石。一种黑色的几乎不透明的品种,不具有宝石价值。

(2)翠榴石。是铬致色的绿色品种,因而具典型的铬光谱,在红区具双线,在橙区可能伴生两个模糊的带,在紫区可能有一条强的铁吸收带。翠榴石具十分典型的马尾状包裹体,它具有十分重要的鉴定意义。

3)产状和产地

钙铁榴石主要产于片岩和蛇纹岩中(翠榴石和黄榴石),也产于富碱火成岩(黑榴石和钛榴石)和变质岩及接触变质带中(褐色和绿色品种)。主要产地有俄罗斯、扎伊尔、挪威、瑞典、美国、朝鲜等。

2. 物理化学性质

钙铁榴石又称为翠榴石，化学组成为 $Ca_3Fe_2(SiO_4)_3$。属等轴晶系，晶体呈菱形十二面体，绿色、黄绿色，亚金刚光泽。光性为均质体，单折射，折射率为 1.855~1.895，一般为 1.890。色散强，0.057。硬度为 7~7.5。密度为 3.81~3.87g/cm³，一般为 3.84g/cm³。查尔斯滤色镜下呈红色。

3. 肉眼识别特征

钙铁榴石的识别特征是翠绿色的颜色，强玻璃光泽，色散明显，宝石内部具有放射状（马尾丝状）的微细石棉和柱状阳起石包裹体。与钙铁榴石相似的宝石有祖母绿和人造绿色钇铝榴石。它们的区别在于，钙铁榴石中总会含有柱状阳起石或石棉包裹体，祖母绿宝石内部常有愈合裂隙。人造绿色钇铝榴石在暗处用强光照射，能泛红色闪光。

4. 最佳检测仪器

用折射仪检测发现钙铁榴石的折射率高，一般为 1.89，以此可以和其他常见的绿色宝石区别。翠榴石在滤色镜下变红。

（六）钙铬榴石

钙铬榴石是一种明亮绿色的石榴子石，由铬致色，铬是其化学成分的主要部分，适用于加工的晶体极少。作为宝石，它还鲜为人知。

钙铬榴石是一种罕见的矿物，与铬铁矿及蛇纹石共生，即产于有钙和铬存在的变质环境中。最有名的产地为芬兰，钙铬榴石呈漂亮的绿色大晶体。其他产地还有挪威、俄罗斯、南非、加拿大等。

钙铬榴石呈翠绿色，强玻璃光泽，十分美观。但因其粒度小，一般不超过 2mm，故极大多数不具有宝石价值。

三、石榴子石的质量评价

石榴子石属中低档宝石。质优的翠榴石因产地稀少、产量很低等原因，具有很高的价值，可跻身于高档宝石之列。

评价石榴子石通常以颜色、透明度、净度、质量以及切工等方面为依据，颜色浓艳、纯正，内部洁净、透明度高、颗粒大、切工完美者，具有较高的价值。

颜色是决定石榴子石价值的首要因素，翠榴石或具翠绿色的其他石榴子石品种在价格上要高于其他颜色的石榴子石，优质的翠榴石的价格可接近甚至超过同样颜色祖母绿的价格。除绿色之外，橙黄色的锰铝榴石、红色的镁铝榴石和暗红色的铁铝榴石的总价格是依次降低的。

此外，石榴子石的质量大小、内部净度以及切工也是决定其价格的重要因素。

四、石榴子石的产地

铁铝榴石主要产于印度、斯里兰卡、巴西、马达加斯加、美国的阿拉斯加、中国、墨西哥、津巴布韦、坦桑尼亚。锰铝榴石产于斯里兰卡、巴西、马达加斯加、中国。钙铝榴石产于俄罗斯、印度、巴基斯坦、肯尼亚、坦桑尼亚、中国。钙铁榴石产于俄罗斯的乌拉尔。含水钙铝榴石产在肯尼亚、中国。镁铝榴石产在津巴布韦、巴西、澳大利亚和东部非洲各地。

第七节　水晶

石英为自然界中的主要矿物之一,英文词语为 Quartz。在宝石学中,单晶体石英统称为水晶,英文为 rook crystal。

水晶物美价廉,是人人皆可拥有的宝石品种。目前用来做宝石的水晶,有无色水晶、紫水晶、黄水晶、烟水晶(亦称"茶晶")和发晶(指水晶中含有细针状金红石、电气石或角闪石包裹体的水晶)。

高贵典雅的紫晶被列为 2 月份生辰石,寓意精力充沛、避邪、忠诚、善良。水晶的纯净、透明成为心地纯洁的象征。人们把结婚 15 周年称为水晶婚。

一、水晶的基本特征

英文名称:Quartz。

矿物名称:石英(水晶、紫晶、黄晶、烟晶、绿水晶、芙蓉石)

化学成分:SiO_2,可含有 Ti、Fe、Al 等元素。

水晶主要鉴定特征:六方柱状晶体,柱面横纹发育。三方晶系,非均质体,U^-,正光性。常见颜色:浅至深的紫色,浅黄色、中至深的黄色,浅至深的褐色、棕色,绿色至黄绿色,浅至中的粉红色。玻璃光泽。摩氏硬度为 7,折射率为 1.544～1.553,双折射率为 0.009,密度为 $2.66g/cm^3$。

放大检查:有色带,可见液体及气液两相包裹体、气液固三相包裹体,针状金红石、电气石及其他固体矿物包裹体,负晶。

二、肉眼识别特征

目前市场上见到的有色水晶品种很多,有天然的黄水晶、烟晶、紫晶,人工改色的天蓝色水晶、橘黄色水晶、紫色水晶、双色水晶,人工合成的紫色水晶。由于它们的外观基本相同,彼此之间不易区别,现将它们的识别特征用类比的方法阐述如下。

(一)无色水晶和合成无色水晶的区别

目前市场上主要用无色水晶和合成无色水晶来做串珠项链和水晶球。它们的识别要点是包裹体、透明度、反光和磨工四个方面。

1. 包裹体

绝大多数的水晶项链或水晶球中,总会存在某一点缺陷,将它们放进水中浸没或提出,用肉眼就会在某几粒串珠或水晶球的某个地方,看到微量小裂隙的反光面或丝絮状的气液包裹体。而合成水晶中包裹体则极少,内部洁清,几乎见不到任何瑕疵。

2. 透明度

水晶晶莹剔透,内部清澈,如将刻面型串珠项链放进装水的白瓷盆中,除能见到每粒串珠的周边之外,串珠的中间与水一样清澈,好似无物存在的感觉。合成水晶虽然也很透明,但不晶莹,比较呆板,内部仿佛存在着无法形容的"混浊",放进水中后,串珠的周边清楚,但中间却不像天然水晶串珠那样和周围的水一样清澈,能感到串珠的存在。

3. 反光

水晶磨制的刻面型串珠项链反射出的光柔和、清澈,几乎无色,反光面都来自串珠的表面。而合成水晶磨制的串珠项链的反光面多,且明亮如镜,反射出的光呈亮白色,反光面均来自串珠的内部,即刻面的内侧。肉眼识别它们的最佳办法是将串珠圈成一团放在桌上,在距离串珠40cm处,以30°～45°的交角用肉眼观察,凡是反光亮白、反光面多且来自刻面内侧的串珠,皆为合成水晶所制。而反光面柔和、清澈且来自串珠表面的,均为天然水晶所制。

4. 磨工

对刻面型的天然水晶抛光要求严格,一般情况下每个刻面都由手工分别抛光(极少数例外),所以琢型的棱线平直。而刻面型合成水晶串珠多用滚筒抛光,故棱线圆滑,具小的弧面。

(二)紫晶与合成紫晶的区别

紫晶与合成紫晶的区别有以下两点。

1. 颜色及其展布

紫晶的颜色鲜艳柔和,但分布不均,将宝石放在水中,可见紫色的斑块或平直的色带。而合成紫晶的紫色浓淡皆有,一般比较均一,伴有灰色色调,颜色不艳,有些呆板。即使是一些产品的颜色不均匀,也是浓淡逐渐过渡,见不到紫色的斑块和平直的色带。

2. 包裹体

紫晶可以见到虎纹状愈合裂隙或丝絮状气液包裹体。而合成紫晶很少见到包裹体,偶尔仅能见到薄板状无色的籽晶夹层或白色面包渣状包裹体。

(三)水晶与改色水晶的区别

水晶经过离子加速器轰击或放射性辐照后,可以变成褐色、褐黄色、金黄色、紫色和双色。除双色水晶之外,其他改色的水晶颜色均匀,放进水中见不到色团或色带。改色的水晶颜色总是伴有灰色色调,没有天然水晶那样明亮鲜艳。

自然界中至今没有见到在同一晶体的两端,呈现两种颜色的水晶,仅见到产于玻利维亚的褐黄色和紫色混生的双色水晶。当前市场上出现的分布在宝石两端的双色水晶均系改色的合成水晶。改色的合成水晶在宝石的两端分别呈棕绿色、棕红色,或者是浅绿色和浅红色。两种颜色的界线平直、清晰,在接触带上还多见几条平直的条纹。

(四)水晶与托帕石的区别

无色或改色的天蓝色、橘黄色水晶,外观与无色或改色的天蓝色、橘黄色托帕石十分相似。肉眼识别只在于:刻面型水晶的底刻面内侧反光效果远不如托帕石,水晶的反光虽亮但不具镜面效应,托帕石的反光面亮白,很像小的镜面。

(五)水晶球和玻璃球的区别

当前仿水晶的玻璃有两种颜色:一种是做水晶球用的仿无色水晶的无色玻璃(熔炼水晶),一种是仿紫晶的紫色玻璃。

水晶球清澈透明,放进水中在某个地方可能见到呈片状展布的气液包裹体或絮状包裹体,用手触摸具凉感。而用熔炼水晶制作的玻璃球,虽然透明但不清澈,仿佛伴有乳光,用手触摸有温感,放进水中可能见到圆形的气泡。另外,水晶具双折射现象,即便是双折射率低至0.009,但随着球体的增大,两条折射光线也会逐渐分开。如果将水晶球压在印有小字体的报纸上,从球体的最上端向下垂直观察,会呈现两种现象:一种是字体放大,字迹清楚(平行水晶的光轴方向);另一种是如果将球体转动90°,除字体放大外,字迹还显出双影,球体愈大字体的双影愈清楚。玻璃球因属均质体,在任何方向垂直球体观察的字迹均很清楚,但不显双影。

仿紫晶的紫色玻璃,透明无瑕,紫色均匀,见不到紫色的条带或斑块。放进水中或用10倍放大镜观察可能见到圆形气泡。

三、水晶的人工处理

(一)辐照处理

(1)无色、浅色品种经辐照变为烟色品种。
(2)黄色品种经辐照变为紫色品种。

(二)加热处理

(1)紫色品种经加热变为黄色品种。
(2)烟色品种经加热变为无色品种。

四、水晶质量评价依据及产地

(一)质量评价

水晶属中低档宝石,紫晶售价10美元/ct左右,黄晶、烟晶售价就更低些。
(1)水晶类的宝石以大型水晶球的价格最高,一个直径8cm的天然水晶球售价可达

1 800美元。其他宝石品种均属低档宝石,每克拉 2～5 美元。

(2)当前市场上水晶球十分畅销,就其材料而言主要是熔炼水晶玻璃和天然水晶两类。论其价格相差甚远。如何识别它们是长期以来困扰人们的一大难题。为此,在购买水晶球时,除用肉眼观察球体的清澈度和微量包裹体之外,一定要从不同的方向寻找天然水晶呈现的双影能使字迹变得模糊的现象。

(3)小粒天然水晶原料与合成水晶原料的价格相差不大,两者的物理化学性质基本相同,如果产品仅限于装饰,对其成因可不必过分苛求。识别方法在于它们具有不同的包裹体和反光现象。

(4)市场上的合成紫晶甚多,它们的颜色均一、浓艳,伴有灰色色调,依此可与紫色鲜艳、不均、伴有色带或斑块的天然紫晶区分。

(二)产地

紫晶主要产自南美洲的巴西、乌拉圭、玻利维亚、美国、阿根廷、南非、纳米比亚、澳大利亚等。黄晶的重要产地寥寥无几,仅巴西和马达加斯加出产一定数量的优质材料。20 世纪 80 年代以来世界市场上大量黄晶是由紫水晶加热处理而成的。烟晶的主要产地有斯里兰卡、西班牙、瑞士、苏格兰、美国等。无色水晶可来自世界各地,但是最重要的产地为斯里兰卡、巴西、美国、缅甸和中国(东海)。

第三章 常见有色宝石评估及保养

第一节 常见有色宝石的品质评价

珠宝品质和价格的评估,是珠宝经营最核心、最关键的问题。无论是珠宝质检,还是评估,都离不开对珠宝品种特性、内在质量、真实价值和合理价位的认真评估。钻石的质量评价从颜色(Color)、净度(Clarity)、切工(Cut)和质量(Carat Weight)四个方面进行,英文中都有"C"开头,所以简称"4C"。钻石质量评定体系中的"4C"标准,可以成为珠宝质量评定的通用准则。参照钻石分级评估体系,常见有色宝石可以建立起比较切合商业实际的质量评估体系。

一、常见有色宝石分级

常见有色宝石按颜色、净度和切工(或比例)进行分级。美国宝石学院(GIA)分级系统主要为天然、透明、未经优化处理(或稳定的优化处理)的刻面宝石设计。

(一)颜色分级

有色宝石的颜色是决定其品质和价值的最主要因素。对有色宝石颜色的评价必须考虑色彩、色调、饱和度及颜色分布是否均匀等方面。变色宝石需要考虑:①不同光源下呈何种颜色;②素面或者刻面;③透明度;④净度(有无裂隙或包裹体);⑤颜色的变化程度;⑥变色反差如何。其中颜色的变化程度和变色反差对价值影响最大。有色宝石的颜色特征各不相同,具有相同颜色描述的不同宝石可以对应不同的色级。

(二)净度分级

GIA根据宝石生长的自然状况及各种宝石的内部特征(即包裹体)对净度进行分级。

(1)按净度将有色宝石分为:没有或者几乎没有包裹体的宝石(Ⅰ型),如海蓝宝石;具有正常数量包裹体的宝石(Ⅱ型),如红宝石;通常含有大量包裹体的宝石(Ⅲ型),如祖母绿。

(2)净度级别。净度可以分为七个级别:VVS(极好)、VS(很好)、SI1、SI2(好)、I1、I2和I3(一般至差)。不透明的宝石一般包裹体很发育。

(3)净度品质。净度的判断以肉眼为主,辅以放大镜观察。净度品质越好即包裹体越少,10倍放大镜下,无包裹体为上品。天然有色宝石一般含有或多或少的包裹体,包裹体的多少直接影响宝石的价值。

包裹体对于有色宝石而言没有钻石那么重要。可以利用包裹体的种类特征来判断它是天然宝石还是人工宝石。

(三)切工分级

1.刻面型宝石

有色宝石的切工是指比例、对称性和抛光。有色宝石切工设计的主要目的是使所显示的颜色达到最佳状态。主要考虑因素为亮度、外形轮廓和平衡、总深、冠亭比、镶嵌边棱(腰)、长宽比、台面大小、亭部膨胀、对称性与修饰度(刻面对称性、抛光)、切工的总体级别。有色宝石切割比例及角度会影响到切工、宝石颜色深浅及光亮"火头"。

2. 素面宝石

半透明至不透明宝石常打磨成素面或者雕刻成型。

(1)具有猫眼效应的宝石需观察以下方面:眼线是否尖锐清晰、是否居中,眼线的开合是否清晰、灵活,是否具有蜜蜡的感觉,亭部有多厚,透明度(透明或不透明)如何,内部是否存在会引起损伤的裂隙或气体包裹体,有无外部瑕疵。

(2)具有星光效应的宝石需观察以下方面:星光是否居中、是直的还是弯的,几射星光,星线清晰程度(是否明亮锐利),亭部是否过胖,底部形状,是否有裂隙,星线与背景的反差程度如何。

3. 随形宝石

分级时需观察随形宝石是否没有裂隙、通体抛光。

4. 雕刻宝石

决定宝石雕刻品价值的主要因素是雕刻品的宝石种类、宝石品质、设计、工艺、可销售性、独创性。

二、影响有色宝石价值的主要因素

(1)品种及质量品质等级。
(2)稀有性和开采成本。
(3)产地及特殊包裹体。
(4)市场需求。
(5)保值性、增值性、思想艺术性。
(6)珠宝价值评估师或评估人员应具备的条件等其他因素。

三、有色宝石的价值属性

(1)质量。有色宝石往往晶莹剔透,色彩斑斓,优良的物理化学性质决定了它具有较高的品质。

(2)珍稀性。"物以稀为贵",有色宝石属于不可再生资源,产出的稀缺决定了价值的高昂。

(3)艺术性(工艺性)。珠宝首饰是天然材质与艺术创造的结晶,宝石的刻面、钻石的火彩、玉石的造型无不渗透着艺术创造。

(4)文化性。人们把一些文化习俗、传统观念、思想理念等融入珠宝首饰之中,赋之以特殊的文化内涵。文化性是珠宝首饰重要的附加值,也是人们对珠宝首饰所蕴含的精神内涵理解的重要表现。当对珠宝赋有特殊情感时,价格自然昂贵;反之,也就一文不值。

(5)情感性。情感是宝石首饰重要的价值属性。没有情感,宝石也就暗淡无光。宝石是情感的表达载体。

(6)历史性。珠宝首饰往往作为传家之宝,记载了历代人们的兴盛衰亡,人们从珠宝首饰可以寻找到历史的踪迹。

四、有色宝石常见琢型

有色宝石常见琢型有圆钻型、椭圆型、祖母绿型、橄榄型、长角古型切割、正方形、三角形、梨形切割、混合型、弧面型或素面型。

有色宝石常见镶嵌有爪镶、槽镶、柱镶、包镶、起钉镶、逼镶、微镶。

第二节 有色宝石首饰的佩戴与保养

一、有色宝石首饰的佩戴、保养注意事项

(1)在做剧烈运动和体力劳动时,不要佩戴首饰。

(2)由于各种有色宝石首饰的硬度不同,首饰间会相互摩擦而损耗。同类的宝石也会因为硬度异向性而相互磨损,如蓝晶石。首饰应单独存放,不要将各种首饰胡乱放置在抽屉或首饰箱内。

(3)有些有色宝石多裂纹和内含物,或是性脆,如祖母绿等,佩戴时需要小心谨慎,避免碰撞。

(4)红、蓝宝石硬度大,韧性中等、性质稳定,是有色宝石中最易保护的宝石,两者应避免强烈碰撞和高温,可长期佩戴。

(5)祖母绿是性质较脆的宝石,加上祖母绿常有瑕疵,容易发生破裂,因此要避免强烈挤压和碰撞,并且需要避免高温。浸油或充填以掩饰其瑕疵裂纹是处理祖母绿常见的方法。

(6)金绿宝石(包括变石和猫眼)硬度和韧性均好,适宜于男性佩戴。佩戴过程中一般只需避免高温,特别在改制款式或维修时不要让火焰直接对着宝石。

(7)碧玺光泽柔和,但硬度较低,常裂隙发育,脆性较强。在佩戴碧玺首饰时,应避免与别的宝石摩擦碰撞,以免划花。碧玺具有热电性,经过太阳照射或受热会产生静电而吸附一些微细的灰尘。因此,在风尘较大的环境中工作的人,应注意经常用酒精等中性清洗液清洗宝石,以保持其光泽柔美。同时碧玺应避免过热,因为温度过高有时可改变碧玺的颜色。

(8)橄榄石、锆石不能与其他宝石放在一起。橄榄石、锆石是地下高温环境形成的宝石,性质较脆,硬度也较低,因而往往由于原料裂纹太多而难以做成大的宝石。宝石成品之间的互相摩擦也会磨花宝石的棱角。橄榄石、锆石不能遇热,遇热会增加其脆性。橄榄石还怕酸,与酸性物质长期接触会使宝石的表面受到腐蚀而减弱其光泽。

(9)托帕石、月光石应避免碰撞,因为两者均有完全解理,碰撞后宝石易沿着一个方向裂开而使之全部或部分破坏。

(10)尖晶石、石榴子石是硬度中等的宝石,一般只需注意不要互相碰撞即可。

(11)水晶应避免与放射性物质接触,尽量避免接触热源。水晶在放射性照射(如从事X光透视的工作者)下会变色,而紫晶在加热时有可能出现颜色变淡的现象。

(12)当体重增加时,指环或手镯会变得太小,导致不能将它取下,可尝试使用肥皂、护手霜等润滑剂。也可以利用热胀冷缩原理,将手浸没在冷水中一段时间以减少手部的肿胀,再将戒指取出,这样省力一些。如指环过紧,以至影响血液循环,可向珠宝商求助,他们拥有切断指环的工具且不会伤及手指。切断的指环可以重新焊接。

(13)游泳池中的水通常含有较多的氯,对一些有机宝石和首饰的金属部分会有一定的腐蚀作用,所以游泳时最好不要佩戴珠宝。

二、清洗有色宝石首饰的方法

(1)首饰清洗剂对大部分的宝石是安全的,也能令金属更为明亮。但绿松石、欧泊、珍珠需避免使用首饰清洗剂。

（2）性质温和的肥皂和软毛刷对清洁首饰非常有用。牙膏含有硅磨料，需避免使用。清洁宝石时，要塞住水盆下水口，或用大碗盛宝石，避免首饰从手中滑落时掉入下水道。

（3）对于祖母绿、碧玺及一些多内含物、裂纹，或性脆、硬度低的宝石，切不可用超声波机清洗，以免宝石受损或碎裂。

（4）强酸和强碱也不是适宜的清洗材料，虽然大多数宝石的性质很稳定（仍有若干宝石不能接触化学物质），但强酸和强碱会影响金属部分的光泽。

主要参考文献

李兆聪. 珠宝首饰肉眼识别法[M]. 北京:地质出版社,1999.
李娅莉,薛秦芳,李立平,等. 宝石学教程[M]. 2版. 武汉:中国地质大学出版社,2011.
廖宗廷. 珠宝鉴赏[M]. 3版. 武汉:中国地质大学出版社,2014.
王昶,申柯娅. 珠宝首饰的质量与价值评估[M]. 武汉:中国地质大学出版社,2011.
张蓓莉. 系统宝石学[M]. 北京:地质出版社,2012.
张义耀. 宝玉石鉴赏[M]. 2版. 武汉:中国地质大学出版社,2012.

图书在版编目(CIP)数据

常见有色宝石鉴赏/蔡善武主编. —武汉:中国地质大学出版社,2018.12
中等职业院校珠宝类系列教材
ISBN 978-7-5625-4436-4

Ⅰ.①常…
Ⅱ.①蔡…
Ⅲ.①宝石-鉴赏-中等专业学校-教材
Ⅳ.①TS933

中国版本图书馆 CIP 数据核字(2018)第 269861 号

常见有色宝石鉴赏		蔡善武 主 编
		汪 元 瞿叶丽 副主编

责任编辑:彭琳	选题策划:张晓红 张琰	责任校对:周旭

出版发行:中国地质大学出版社(武汉市洪山区鲁磨路388号)	邮编:430074
电 话:(027)67883511 传 真:(027)67883580	E-mail:cbb@cug.edu.cn
经 销:全国新华书店	http://cugp.cug.edu.cn

开本:787毫米×1 092毫米 1/16	字数:102千字	印张:4
版次:2018年12月第1版	印次:2018年12月第1次印刷	
印刷:武汉市籍缘印刷厂	印数:1—1 000册	

ISBN 978-7-5625-4436-4   定价:28.00元

如有印装质量问题请与印刷厂联系调换